"十四五"职业教育国家规划教材

名校名师精品系列教材

Software Testing
Management and Practice

软件测试
管理与实践

第 2 版 | 微课版

赵聚雪 杨鹏 郑楚锋 ◉ 主编

人 民 邮 电 出 版 社
北 京

图书在版编目（CIP）数据

软件测试管理与实践 : 微课版 / 赵聚雪, 杨鹏, 郑楚锋主编. -- 2 版. -- 北京 : 人民邮电出版社, 2024.
(名校名师精品系列教材). -- ISBN 978-7-115-64951-5

Ⅰ. TP311.55

中国国家版本馆 CIP 数据核字第 2024ZS4633 号

内 容 提 要

本书较为全面地介绍了软件测试的相关理论和工具，内容翔实，可操作性强，简明易懂。全书从实用角度出发，重点培养读者解决实际问题的能力。

本书共 11 个任务，主要包括认识软件测试管理、认识软件测试流程、分析软件测试需求、制订软件测试计划、设计并编写测试用例、执行测试并报告缺陷、分析并编写测试报告、管理测试团队、认识测试中的其他过程、用禅道软件管理测试项目、观摩项目实战样例等内容。

本书以理论讲解、实践任务、项目实训 3 条线贯穿全部内容。读者通过理论讲解可以理解相关的理论方法；通过实践任务可以掌握具体的操作方法；通过项目实训可以学会应用所学的理论和工具。书中还设计了若干理论考核来辅助读者掌握软件测试管理的理论、方法和工具。除此之外，本书在项目实训中引用教学项目“在线课程作业管理系统”，并在任务 11 中给出该教学项目的关键文档，同时在附录中给出软件测试项目开展过程中经常使用的典型文档模板，供读者参考。

本书可以作为高校计算机相关专业软件测试相关课程的教材，也可以作为想从事软件测试工作的自学者的参考书。

◆ 主　　编　赵聚雪　杨　鹏　郑楚锋
责任编辑　赵　亮
责任印制　王　郁　焦志炜

◆ 人民邮电出版社出版发行　　北京市丰台区成寿寺路 11 号
邮编　100164　　电子邮件　315@ptpress.com.cn
网址　https://www.ptpress.com.cn
固安县铭成印刷有限公司印刷

◆ 开本：787×1092　1/16
印张：13.5　　2024 年 8 月第 2 版
字数：311 千字　　2025 年 2 月河北第 3 次印刷

定价：49.80 元

读者服务热线：(010)81055256　印装质量热线：(010)81055316
反盗版热线：(010)81055315

前　言

党的二十大报告指出："建设现代化产业体系。坚持把发展经济的着力点放在实体经济上，推进新型工业化，加快建设制造强国、质量强国、航天强国、交通强国、网络强国、数字中国。"软件作为新一代信息技术的灵魂，是中国数字经济发展的基础，也是制造强国、网络强国和数字中国等重大战略的支撑。软件测试是软件质量保证的重要手段。

本书贯彻党的二十大精神，注重立德树人，重点培养读者的软件测试实践能力和作为软件测试工程师的职业素养。"质量强则国家强，质量兴则民族兴"，本书通过介绍质量和质量管理，培养读者的质量意识与精益求精的工匠精神；通过项目化训练，培养读者的工程思维与协作意识；通过编写测试报告，培养读者遵守规范、执行标准、尊重数据和事实的职业精神。

软件测试项目实践涉及软件测试过程中的相关工作，是软件测试工程师、软件项目经理、软件测试经理的典型工作任务，是软件测试工程师必须具备的技能，也是计算机相关专业的重要课程。在软件测试项目的开展过程中，测试任务的划分往往是按照功能模块或者测试类型进行的。软件测试工程师要管理所负责部分的测试需求、计划、用例、执行以及缺陷提交和总结报告，因此，软件测试工程师的日常工作包含软件测试流程中的大部分工作。

建议读者在阅读本书之前先了解与软件测试基础相关的测试概念、用例设计方法等内容。本书以培养读者的软件测试项目实践能力为目标，全面地介绍软件测试的相关理论和工具，内容翔实，可操作性强，简明易懂。本书配有大量的理论考核、实践任务和项目实训。全书从实用角度出发，重点培养读者利用理论和工具解决实际问题的能力。

通过理论讲解、实践任务、项目实训，读者不仅能够掌握软件测试的相关理论，还能够掌握软件测试的相关工具以及操作方法，更重要的是能够通过实践任务、项目实训获得将理论和工具应用到具体项目中的能力，最终具备解决实际问题的能力。

本书的参考学时为48～62学时，建议采用理论与实践一体化的教学模式，各任务的参考学时见下面的学时分配表。

学时分配表

任务	任务内容	学时
任务1	认识软件测试管理	2
任务2	认识软件测试流程	2～4
任务3	分析软件测试需求	8～10
任务4	制订软件测试计划	8～10
任务5	设计并编写测试用例	6～8
任务6	执行测试并报告缺陷	8～10
任务7	分析并编写测试报告	6～8
任务8	管理测试团队	2
任务9	认识测试中的其他过程	2～4
任务10	用禅道软件管理测试项目	2
任务11	观摩项目实战样例	2
学时总计		48～62

本书由赵聚雪、杨鹏、郑楚锋主编。赵聚雪编写了任务1、任务2、任务3、任务4；杨鹏编写了任务9、任务10、任务11；郑楚锋编写了任务5、任务6、任务7、任务8。

特别感谢南京慕测信息科技有限公司、广州中望龙腾软件股份有限公司及成都汇智动力信息技术有限公司相关技术人员对本书编写的支持。

由于编者水平和经验有限，书中难免有欠妥和疏漏之处，请读者批评指正。

编　者

2024年5月

目 录

任务 1 认识软件测试管理

随着计算机的普及，各行各业都已经离不开计算机和软件，人们的日常生活和工作对计算机和软件的依赖性也越来越强。除了不断追求硬件的更新换代，人们也越来越关注软件的质量问题。这一方面是因为软件的质量不好可能会引起严重的经济损失，甚至直接危害到生命或社会安全，例如，一些加工控制软件和金融软件因质量不好可能会造成严重后果；另一方面是因为用户越来越重视使用体验，不仅要求软件“能工作”，而且要求软件能方便、快速地工作。

本任务主要讲述软件质量、软件项目管理和软件测试管理的关系，以及测试管理工具的选择。

学习目标

- 理解软件质量的概念以及软件测试与软件质量的关系。
- 了解软件项目管理与软件测试管理的关系。
- 理解软件测试管理的要素。
- 了解软件测试管理工具的种类、基本功能及选择依据。

> 素养小贴士
>
> **建设质量强国**
>
> 习近平总书记指出，“质量是人类生产生活的重要保障。人类社会发展历程中，每一次质量领域变革创新都促进了生产技术进步、增进了人民生活品质。中国致力于质量提升行动，提高质量标准，加强全面质量管理，推动质量变革、效率变革、动力变革，推动高质量发展。”
>
> 国因质而强、企因质而兴，民因质而富。制造强国的实现、企业的做大做强、人民生活福祉的提升，都离不开质量的支撑。我们应该充分认识到质量对国家的重要意义。

1.1 软件质量

1.1.1 软件质量的概念

微课 1-1
软件质量的概念与模型

从现代质量管理的角度讲，质量是用户要求或者期望的有关产品或者服务的一组特性，落实到软件上，这些特性是软件的功能、性能和安全性等。

ANSI/IEEE Std 729-1983《软件工程术语的 IEEE 标准术语表》(*IEEE*

Standard Glossary of Software Engineering Terminology）定义软件质量为“软件产品满足规定的和隐含的与需求能力有关的特征或特性的全体”。软件质量反映在以下 3 个方面。

- 软件需求是度量软件质量的基础，不符合需求的软件，其质量是不合格的。
- 软件需求开发过程中，往往会有一些隐含的需求没有被显式地提出来，如软件应该具备良好的可维护性。
- 软件开发的流程定义了一组开发准则和最佳实践，用来指导软件开发人员用工程化的方法来开发软件。如果不遵守这些开发准则和最佳实践，软件质量就可能得不到保证。

也就是说，为满足软件各项精确定义的功能、性能和安全性等需求，软件开发人员需要相应地给出或设计一些质量特性及其组合，作为在软件开发与维护中的重要考虑因素。

1.1.2 软件质量模型

软件质量是各种特性的复杂组合。它随着应用的不同而不同，也随着用户提出的质量要求不同而不同。软件各种质量特性的组合就叫作软件质量模型。

常见的软件质量模型有 4 种：Boehm 质量模型（1976 年）、McCall 质量模型（1978 年）、ISO/IEC 25010:2011 质量模型（2011 年）、GB/T 25000.10—2016 质量模型（2016 年）。

1. Boehm 质量模型

Boehm 质量模型（见图 1-1）是 1976 年由 Boehm 等人提出的分层方案。其将软件质量特性定义成分层模型。

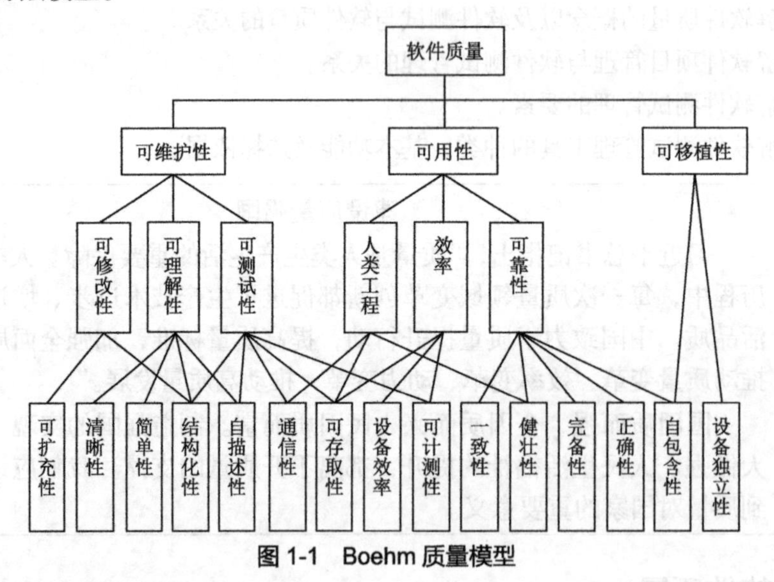

图 1-1 Boehm 质量模型

2. McCall 质量模型

McCall 质量模型（见图 1-2）是 1979 年由 McCall 等人提出的。它将软件质量的概念建立在 11 个质量特性之上，而这些质量特性分别是面向软件产品的运行、修复和转移的。

3. ISO/IEC 25010:2011 质量模型

按照国际标准 ISO/IEC 25010:2011，软件质量模型可以分为系统/软件产品质量模型、使用质量模型。系统/软件产品质量模型有 8 个质量特性，使用质量模型有 5 个质量特性，具体见图 1-3。

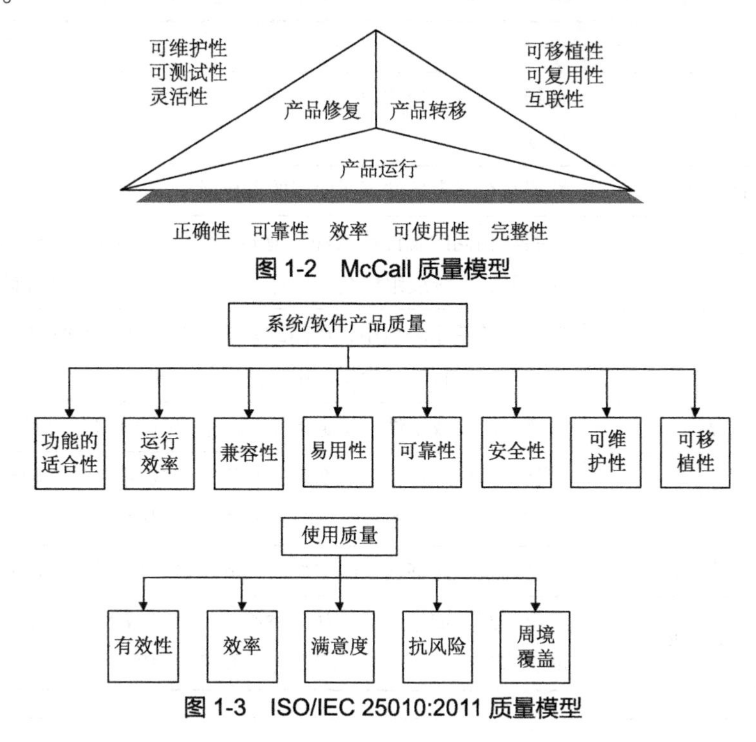

图 1-2 McCall 质量模型

图 1-3 ISO/IEC 25010:2011 质量模型

4. GB/T 25000.10—2016 质量模型

按照国家标准 GB/T 25000.10—2016，系统/软件产品质量模型分为 8 个质量特性，39 个质量子特性，具体见图 1-4。

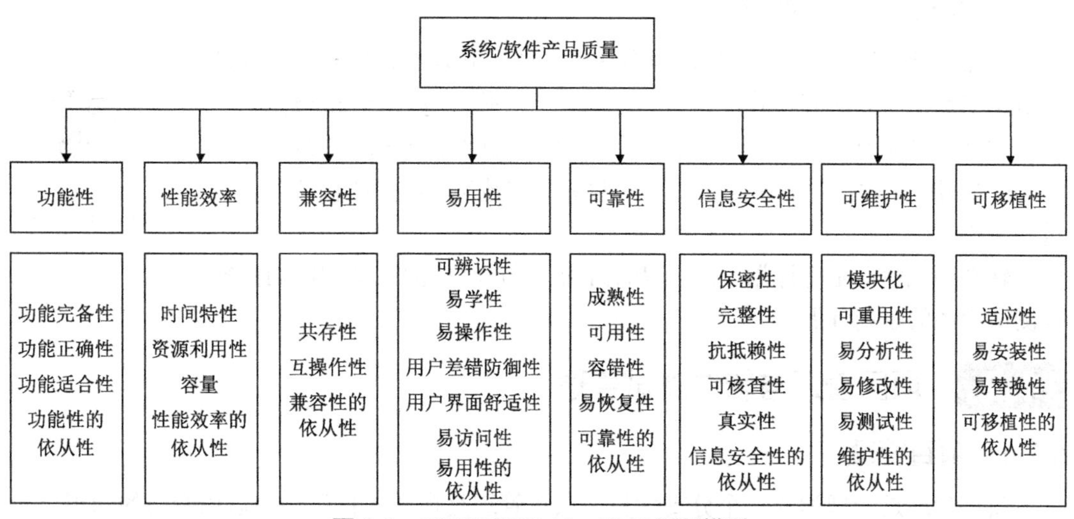

图 1-4 GB/T 25000.10—2016 质量模型

不同的软件质量模型提出了不同的软件质量特性，为了更好地理解软件质量与软件质量模型，就要弄清楚这些质量特性的含义。以 GB/T 25000.10—2016 质量模型为例，其软件质量特性及含义见表 1-1。

表 1-1　GB/T 25000.10—2016 软件质量特性及含义

编　号	质量特性名	质量特性含义
1	功能性	在指定条件下使用时，产品或系统提供满足明确和隐含要求的功能的程度
2	性能效率	性能与在指定条件下所使用的资源量
3	兼容性	在共享相同的硬件或软件环境的条件下，产品、系统或组件能够与其他产品、系统或组件交换信息，和/或执行其所需的功能的程度
4	易用性	在指定的使用环境中，产品或系统在有效性、效率和满意度特性方面为了指定的目标可为指定用户使用的程度
5	可靠性	系统、产品或组件在指定条件下、指定时间内执行指定功能的程度
6	信息安全性	产品或系统保护信息和数据的程度，以使用户、其他产品或系统具有与其授权类型和授权级别一致的数据访问度
7	可维护性	产品或系统能够被预期的维护人员修改的有效性和效率的程度
8	可移植性	系统、产品或组件能够从一种硬件、软件或者其他运行（或使用）环境迁移到另一种环境的有效性和效率的程度

软件质量模型如何应用到软件测试项目中？

1.1.3　软件测试与软件质量

要保证软件质量，一方面要用规范化的方法和开发准则指导软件开发人员用工程化的方法开发软件，另一方面就是对软件进行充分的测试。

微课 1-2
软件质量模型在测试中的应用

软件测试是软件质量控制中的关键活动，是软件质量保证的关键步骤。软件测试在软件生命周期中占有非常突出的地位，是保证软件质量的重要手段。

软件测试活动是有计划、有组织的活动，通过软件测试管理可确保软件测试活动的顺利开展。

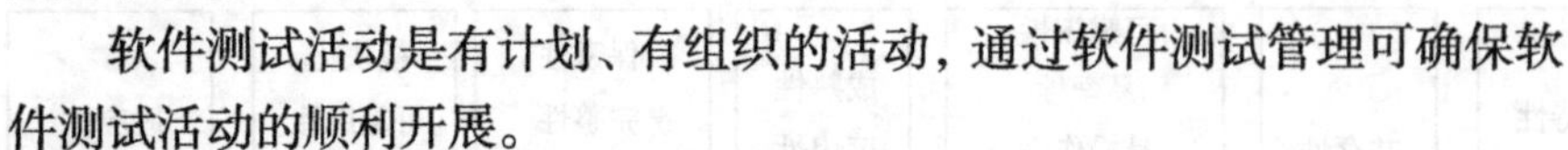

1.2　项目管理与软件测试管理

1.2.1　项目管理

项目管理是管理学的一个分支学科。项目管理是指在项目活动中运用专门的知识、技能、工具和方法，使项目能够在资源限定条件下，实现或超过设定的需求和期望的过程。

项目管理知识体系（Project Management Body of Knowledge，PMBOK）把项目管理分为 5 个过程及 9 个知识领域。每个过程都包括输入、输出、所需工具和技术。各个过程通过各自的输入和输出相互联系，构成整个项目管理活动。

1. 项目管理的 5 个过程

① 启动。成立项目组，开始项目或进入项目的新阶段。启动是一种认可过程，用来正式认可一个新项目或新阶段的存在。

② 计划。定义和评估项目目标，选择实现项目目标的最佳策略，制订项目计划。

③ 执行。调动资源，执行项目计划。

④ 控制。监控和评估项目偏差，必要时采取纠正行动，保证项目计划的执行，实现项目目标。

⑤ 结束。正式验收项目，使其按程序结束。

2. 项目管理的 9 个知识领域

- 项目集成管理（Project Integration Management）。项目集成管理是为了正确地协调项目各组成部分而进行的各个过程的集成，是一个综合性过程。其核心就是在多个互相冲突的目标和方案之间做出权衡，以便满足项目利害关系者的要求。
- 项目范围管理（Project Scope Management）。项目范围管理就是确保项目完成全部规定要做的工作，最终成功地实现项目目标。其基本内容是定义和控制列入或未列入项目的事项。
- 项目时间管理（Project Time Management）。项目时间管理是为了保证在规定时间内完成项目。
- 项目费用管理（Project Cost Management）。项目费用管理是为了保证在批准的预算内完成项目所必需的诸过程的全体。
- 项目质量管理（Project Quality Management）。项目质量管理是为了保证项目能够满足原来设定的各种要求。
- 项目人力资源管理（Project Human Resource Management）。项目人力资源管理是为了保证最有效地使用项目参与者的个别能力。
- 项目沟通管理（Project Communication Management）。项目沟通管理是在人、思想和信息之间建立联系，这些联系对于项目取得成功是必不可少的。参与项目的每一个人都必须用项目“语言”进行沟通，并且要明白个人所参与的沟通将会如何影响项目整体。项目沟通管理可保证项目信息被及时且准确地提取、收集、传播、存储以及进行最终处置。
- 项目风险管理（Project Risk Management）。项目风险管理是指识别、分析不确定的因素，并对这些因素采取应对措施。项目风险管理要把有利事件的积极影响范围尽量扩大，而把不利事件的负面影响范围缩到最小。
- 项目采购管理（Project Procurement Management）。项目采购管理是为了从项目组织外部获取货物或服务。

1.2.2 软件项目管理与软件测试项目管理

软件项目是指软件工程类的项目。具体来说，软件项目管理的根本目的是让软件项目尤其是大型软件项目的整个软件生命周期（从分析、设计、编码到测试、维护的全过程）都能在管理者的控制之下，以预定成本按期、保质地完成软件的开发工作并将其交付用户使用。

软件测试项目是软件项目中的一种，是以软件测试为主要任务的项目。软件测试项目管理的目的是确保软件测试项目按照预定的目标、质量要求和时间表进行，并提供高质量的测试结果。软件项目管理和软件测试项目管理与一般的工程项目管理有共性，但是在实际开展项目管理时因任务特点不同又有特殊性。

1.2.3 软件测试管理的要素

软件测试活动贯穿于软件的整个生命周期，软件测试管理贯穿于软件测试活动的全过程。软件测试管理着眼于对软件测试的流程进行策划和组织，对测试实施中的所有元素进行管理和控制，确保软件测试活动按期、保质地开展。软件测试管理主要包含以下要素。

- 测试过程和资产管理。
- 测试团队管理。
- 测试需求管理。
- 测试计划管理（测试规划）。
- 测试用例管理（测试设计）。
- 测试缺陷管理。
- 测试工具选择和使用。
- 测试执行和汇报管理。

1.3 测试管理工具

1.3.1 测试工具与测试管理工具的关系

使用测试工具可提高软件测试工作的效率。测试工具分为自动化测试工具和测试管理工具，所以测试管理工具是测试工具的一种。

自动化测试工具存在的价值是提高测试效率，并提高测试用例的复用率。常见的自动化测试工具主要有单元测试工具、性能测试工具和功能测试工具。例如，单元测试工具JUnit、性能测试工具JMeter、功能测试工具QTP（Quick Test Professional）。

1.3.2 测试管理工具的基本功能

完整的测试管理工具应该能对整个测试流程的各个环节进行管理。对于测试人员来说，测试管理工具能够管理测试过程中测试人员的日常活动，其主要包括如下几种功能。

- 用户及权限管理。
- 测试项目的创建。
- 测试项目需求管理。
- 测试任务分配和实施。
- 测试项目缺陷管理。
- 测试数据收集。
- 测试项目数据分析及统计和报告生成。
- 测试项目用例管理。

- 测试执行管理。
- 测试文档管理。

1.3.3 测试管理工具的来源和分类

测试管理工具有开源工具、自主开发的测试管理工具等，也可以直接购买测试管理工具。测试管理工具的分类如下。

1. 专项测试管理工具

这类工具可管理软件测试中的某个内容，如缺陷管理工具、用例管理工具。这里介绍两个常用工具 Bugzilla 和 BugFree。Bugzilla 是一款开源的缺陷跟踪系统（Bug-Tracking System），它可以管理软件开发中缺陷的提交、修复、关闭等整个生命周期。BugFree 是一款简单、实用、免费并且开源的缺陷管理系统，不过目前已经不提供更新和技术支持了。

2. 专门的测试管理工具

这类工具对测试的整个过程进行管理，比如 IBM 公司的 RQM（Rational Quality Manager）、惠普公司的 ALM（Application Lifecycle Management）等。ALM 是惠普公司的一款高端商业软件，提供需求管理、缺陷管理、测试用例管理、测试执行管理和各种分析报告管理。

3. 开发和测试都包含的项目管理工具

专门的测试管理工具主要用于第三方软件测试机构，以及软件开发部门和软件测试部门相对独立的公司。大部分情况下，开发和测试属于同一个团队，此时开发团队会使用覆盖整个开发周期的项目管理工具进行项目管理。这些工具或者是公司自己开发的，或者是从市场上购买的，也可能是开源的工具。

例如，禅道项目管理工具是一款国产的开源工具。该工具集产品管理、项目管理、质量管理、文档管理、组织管理和事务管理于一体，是一款功能完备的项目管理工具。

4. 其他可用于测试管理的工具

小型项目团队、初创业团队、学生课程设计团队往往直接利用 Office 办公软件完成软件测试的管理，如 Office Project、Word、Excel。对于软件测试中的文档管理，则可以借助一些文档管理软件，如 TortoiseSVN、TortoiseHg。

1.3.4 测试管理工具的选择

在进行测试管理工具的选择时，要综合考虑项目大小、团队规模、团队性质、成本预算等因素。工具只是一个载体，重要的是按照流程开展工作。

对于初创业团队、学生团队课程设计团队等规模比较小的团队，可以选择开源工具或 Office 办公软件，这样可以节省成本，并且工具简单易用；对于第三方软件测试机构，则可以选用专门的测试管理工具；对于开发、测试一体化的团队，则可以采用完整的项目管理工具。

1.3.5 测试管理工具发展趋势

测试管理工具发展趋势如下。

- 与其他自动化测试工具集成，例如，在软件测试用例的管理中，用例可能是 LoadRunner 的性能测试脚本，也可能是 QTP 的功能测试脚本，还可能是需要手工测试的用例。目前的测试管理工具倾向于能直接启动测试用例并执行，这就要求测试管理工具与 LoadRunner、QTP 等自动化测试工具进行很好的衔接。
- 与软件开发其他环节的集成越来越紧密。
- 发展出基于云计算的测试管理工具，例如，QASymphony 开发的 QTest 是基于云计算的测试管理工具，具有各种典型的关键特性。QTest 在连接器的帮助下，可以集成 Jira 的整个端到端质量的解决方案。它还集成了其他工具，例如，Bugzilla、FogBugz、Rally 等。

1.4 实践任务 1：分组和项目选择

【实践任务】

① 所有学员自由组合成测试小组（3～4 人），给出分组名单，并指定组长。

② 选择被测试的软件项目。

③ 将分组名单和选定的项目提交给学习委员汇总。

【实践指导】

选择的被测试项目可以是企业项目、教学实训项目、学生开发的参赛和课程设计项目、网络开源项目等，软件架构不限。

理论考核

学号：_______ 姓名：_______ 得分：_______ 批阅人：_______ 日期：_______

一、单项选择题（本大题共 15 小题，每小题 5 分，共 75 分。每小题只有一个选项符合题目要求）

1．[软件评测师]以下关于软件测试概念的叙述中，不正确的是（　　）。

A．软件失效指软件运行时产生了一种不希望或不可接受的内部行为

B．软件功能实现超出了产品说明书的规定说明软件存在缺陷

C．软件测试目的是发现软件缺陷与错误，也是对软件质量进行度量和评估

D．在软件生命周期的各个阶段都可能产生错误

2．进行软件测试的目的是（　　）。

A．尽可能多地找出软件中的缺陷

B．缩短软件的开发时间

C．减少软件的维护成本

D．证明程序没有缺陷

3．GB/T 25000.10—2016 质量模型将系统/软件产品质量特性划分为（　　）等 8 个特性。

A．功能性、可靠性、易用性、性能效率、可维护性、可移植性、兼容性、信息安全性

B．功能性、可靠性、易用性、性能效率、稳定性、可移植性、兼容性、信息安全性

C．功能性、可靠性、可扩展性、性能效率、可维护性、可移植性、兼容性、信息安全性

D．功能性、可靠性、可扩展性、性能效率、稳定性、可移植性、兼容性、信息安全性

4．软件质量的定义是（　　）。

A．软件的功能性、可靠性、易用性、效率、可维护性、可移植性

B．满足规定用户需求的能力

C．最大限度使用户满意

D．软件特性的组和，以及满足规定和潜在用户需求的能力

5．[软件评测师]以下关于软件质量特性的叙述中，不正确的是（　　）。

A．功能性指软件在指定条件下满足明确和隐含需求的能力

B．可靠性指软件在指定条件下维持规定的性能级别的能力

C．易用性指软件在指定条件下被理解、学习、使用和吸引用户的能力

D．可维护性指软件从一种环境迁移到另一种环境的能力

6．GB/T 25000.10—2016 质量模型的第一层定义了 8 个质量特性，并为各质量特性定义了相应的质量子特性，其中易分析性质量子特性属于软件的（　　）质量特性。

A．可靠性　　B．性能效率

C．可维护性　　D．功能性

7. 软件可移植性应从（　　）等方面进行测试。
A. 适应性、易安装性、易替换性、可移植性的依从性
B. 适应性、易安装性、可伸缩性、易替换性
C. 适应性、易安装性、兼容性、易替换性
D. 适应性、成熟性、兼容性、易替换性

8. 侧重于观察资源耗尽情况下的软件表现的系统测试被称为（　　）。
A. 强度测试　　B. 压力测试
C. 容量测试　　D. 性能测试

9. 测试管理工具可能包括的功能有（　　）。
①管理软件需求　②管理测试计划
③缺陷跟踪　④测试过程中各类数据的统计和汇总
A. ②③④　　B. ①③④
C. ①②　　D. ①②③④

10. [软件评测师]以下对软件测试对象的叙述中，正确的是（　　）。
A. 只包括代码
B. 包括代码、文档、相关数据和开发软件
C. 只包括代码和文档
D. 包括代码、文档、相关数据

11. [软件评测师]以下不属于易用性测试的是（　　）。
A. 安装测试　　B. 负载测试
C. 功能易用性测试　　D. 界面测试

12. 项目管理的目标是在有限资源条件下，保证项目的（　　）、质量、成本达到最优化。
A. 范围　　B. 时间　　C. 效率　　D. 效益

13. [软件评测师]以下不正确的软件测试原则是（　　）。
A. 软件测试可以发现所有软件潜在的缺陷
B. 所有的软件测试都可追溯到用户需求
C. 测试应尽早且要不断地执行
D. 程序员应避免测试自己的程序

14. [软件评测师]以下不属于文档测试范围的是（　　）。
A. 软件开发计划　　B. 数据库脚本
C. 测试分析报告　　D. 用户手册

15. 项目管理的3要素是（　　）。
A. 成本、时间、质量　　B. 质量、进度、时间
C. 风险、费用、进度　　D. 沟通、综合、范围

二、判断题（本大题共5小题，每小题5分，共25分）

16. 根据软件的定义，软件包括代码、文档和数据，但是软件测试只要测试代码即可。（　　）

17．软件测试贯穿于软件生命周期，并不是在软件实现后才开始的。 （ ）
18．软件测试不仅指测试的执行，还包括很多其他的活动。 （ ）
19．软件测试是保证软件质量的唯一手段。 （ ）
20．测试组负责软件质量。 （ ）

任务 2 认识软件测试流程

要开展软件测试管理，首先要建立软件测试的流程。本任务主要讲述软件开发过程和软件测试过程是如何交互的，典型的软件测试模型有哪些，软件测试的一般性流程是怎样的，如何建立软件测试的流程，以及软件测试流程中涉及的资产、度量分析等。

学习目标

- 理解软件开发过程和软件测试过程的交互设计流程。
- 理解典型的软件测试模型。
- 理解软件测试的一般性流程。
- 了解建立一个软件测试流程应该包含的内容。
- 了解软件测试流程中涉及的资产及度量分析。

素养小贴士

做有所依，遵守流程

正所谓“没有规矩不成方圆”，团队执行力与是否有工作流程的指导息息相关。没有工作流程会使得工作过程变得随意，导致结果不确定；不完善的工作流程会对工作过程产生错误的引导，降低工作效率和工作质量；而完善的、标准化的工作流程，对工作的开展起到指导和保驾护航的作用，提高工作效率和质量。

有了完善的流程，团队就要遵守流程，规范的系统流程为团队高效运作提供了有力的保障，规范的流程使项目变得更加简单清晰，从而降低犯错的概率。如果随意更改流程，或者不遵守流程，就可能使得项目出现各种风险，使项目的成本、时间等失去控制，最终导致项目失败。

2.1 软件开发中的测试

软件测试和软件开发一样，都遵循软件工程的原理。测试和开发是密切相关的。测试活动是贯穿于软件项目开发的全过程的，并和开发活动交互开展。

微课 2-1
软件开发中的测试

图 2-1 描述了软件项目开发中的开发环节、测试环节及相应的测试活动。

① 项目规划和软件需求分析完成后，需要进行需求评审，此时测试人员可以参与需求评审。当需求确定后，测试人员可以开始进行系统测试

方案及计划的制订。

② 软件项目总体设计和评审完成后，测试人员可以开始进行集成测试方案及计划的制订。

③ 软件项目详细设计和评审完成后，测试人员可以开始进行模块测试方案及计划的制订。

④ 单元测试和编码一般是同步的，由开发人员自己完成。

⑤ 整个模块开发完成后，测试人员开始进行模块测试。当然在这之前，所有的模块测试用例已经准备完毕。

⑥ 模块测试后进行系统集成，接着是集成测试和系统测试。

⑦ 测试人员在软件运行维护期间要对运行维护期间发现的问题进行问题确认测试。

从图 2-1 中可以看出，在软件项目开发过程中，不能把软件测试理解为开发后期的一个活动，它是贯穿于整个开发过程的。

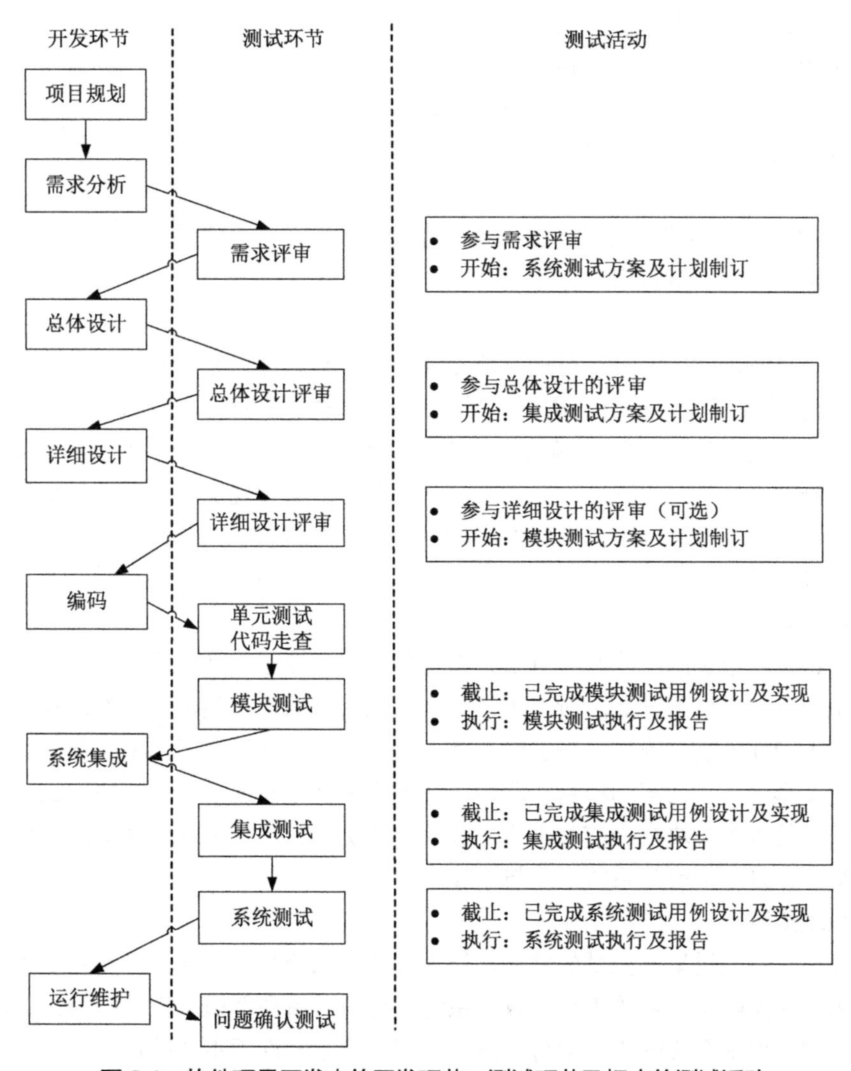

图 2-1　软件项目开发中的开发环节、测试环节及相应的测试活动

2.2 软件测试模型

微课 2-2
软件测试模型

在实践中产生了很多软件测试模型。这些软件测试模型明确了测试和开发之间的关系，主要的软件测试模型有 V 模型、W 模型和 H 模型。

1. V 模型

V 模型（见图 2-2）是软件测试模型中的一个经典模型，它发展自软件开发的瀑布模型。V 模型明确标识了测试过程中存在的测试阶段，以及测试阶段与开发阶段之间的关系。从图 2-2 中可以看到，项目开发中的开发活动是从需求分析到概要设计，之后到详细设计，再到编码，然后是测试活动。测试活动对应开发活动的 4 个阶段，分别是单元测试、集成测试、系统测试和验收测试。

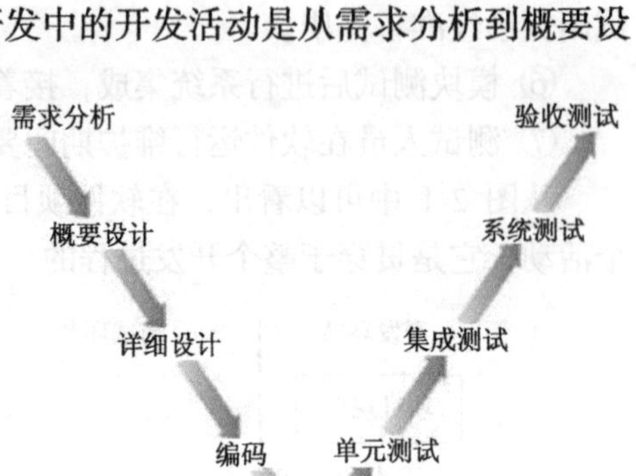

图 2-2　V 模型

V 模型中把测试活动作为编码之后的最后一个活动，需求分析等前期产生的错误直到后期的验收测试才能被发现。测试活动在编码之后，并且只对代码进行测试，未能体现尽早测试的原则。虽然 V 模型有局限性，但是该模型仍然是指导测试开展的一个重要模型。

V 模型中的单元测试、集成测试、系统测试和验收测试也被其他模型引用。

（1）单元测试

单元测试是对软件中的最小可测试单元进行检查和验证，是指在编码完成后，对所实现的方法/函数的内部逻辑进行的测试。单元测试的依据是方法/函数的功能与功能实现流程；单元测试的主要对象是方法/函数的功能在实现过程中的错误或不完善的地方；单元测试所采用的测试方法是白盒测试，即针对方法/函数的内部实现逻辑，并结合方法/函数的输入及输出的可能取值范围，进行针对性测试。对于单元测试中的单元，一般来说，要根据实际情况去判定其具体含义，如 C 语言中的单元指一个函数，Java 里的单元指一个类。

（2）集成测试

集成测试也叫组装测试或联合测试，即将所有模块按照设计要求（如软件架构图）组装为子系统或系统进行测试。之所以进行集成测试，是因为一些模块虽然能够单独地正常工作，但并不能保证它们连接起来也能正常工作。一些局部反映不出来的问题，在全局上很可能就会暴露出来。在实际项目实践中，在集成测试之前还会安排模块测试。模块测试是指验证软件的各个模块在当前版本所承载的功能实现，测试模块级功能的实现，模块间的接口、交互，以及依赖关系的正确与否等。

（3）系统测试

系统测试是将经过集成测试的软件，作为计算机系统的一个部分，与系统中的其他部分结合起来，在实际运行环境下对计算机系统进行的一系列严格、有效的测试，以发现软件潜在的问题，保证系统的正常运行。系统测试是针对软件版本系统进行的整体测试，主要采用的测试方法是黑盒测试。系统测试除了关注功能测试外，还需要关注软件非功能需求的测试，包括但不限于容量测试、性能测试、压力测试、负载测试、兼容性测试、稳定性测试、可靠性测试、可用性测试和用户文档测试。

（4）验收测试

验收测试，也称为交付测试。验收测试的目的是确保软件准备就绪，向未来的用户表明软件能够像预定的要求那样工作，即软件的功能和性能同用户所合理期待的一样。验收测试阶段，相关的用户和独立测试人员根据测试计划及结果对软件进行测试和接收。验收测试让用户决定是否接收软件。它是一项确定软件是否能够满足合同或用户所规定的需求的测试。验收测试有非正式验收测试（Alpha 测试）和正式验收测试（Beta 测试）之分。

- Alpha 测试是由用户在开发环境下进行的测试，也可以是公司内部的用户（比如技术支持人员、销售人员、代理商等）在模拟实际操作环境下进行的受控测试。Alpha 测试不能由开发人员或测试人员完成。
- Beta 测试是软件的用户在实际使用环境下进行的测试，开发人员通常不在测试现场。Beta 测试不能由开发人员或测试人员完成。例如，游戏的公开测试就属于 Beta 测试。一般在 Beta 测试通过后就可以正式发布软件了。

2. W 模型

W 模型（见图 2-3）从 V 模型演化而来，在模型中增加了与软件各开发阶段同步的测试活动。从图 2-3 中可以看到，测试伴随着整个软件开发的周期。测试人员不仅需要对程序进行测试，还需要对需求和设计进行测试。测试和开发是同步的，有利于尽早地发现问题。但是 W 模型存在一个和 V 模型相同的问题，即它们把软件开发的过程视为一系列串行的活动，没有融入迭代及变更的元素。

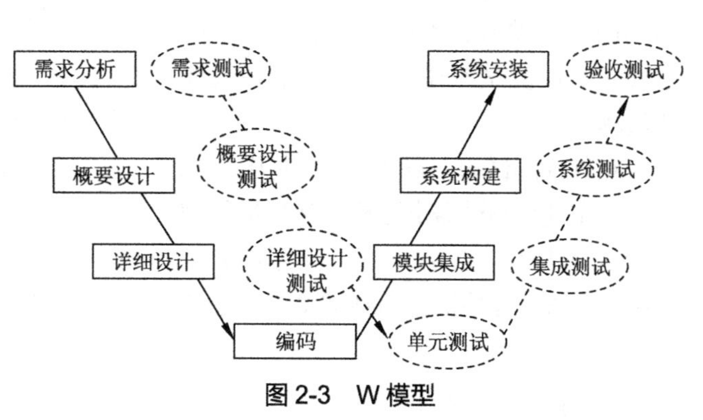

图 2-3 W 模型

3. H 模型

H 模型（见图 2-4）强调测试活动是独立的，贯穿于整个软件开发的周期，和开发流程是并发的。在 H 模型中，只要测试就绪点达到了，就可以开始执行测试。H 模型可以满足测试尽早开始这一原则，模型本身并没有太多的执行指导，可以把它理解为一种理念，即测试就绪点达到了就可以执行测试。

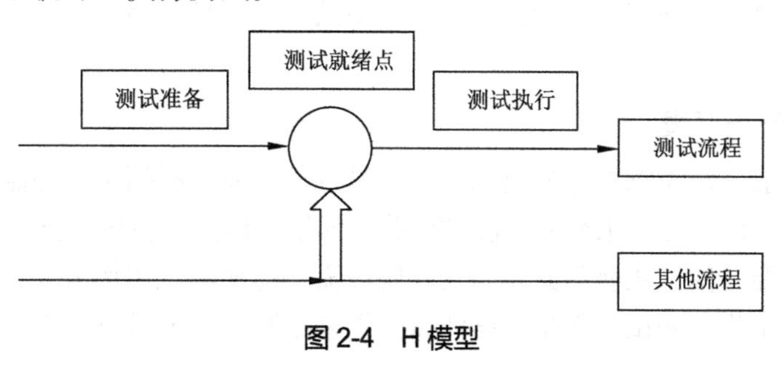

图 2-4 H 模型

2.3 软件测试流程

软件测试流程定义了企业在软件开发过程中于设计、开发与实现、维护、退出等阶段与测试相关活动的内容、步骤及规范。定义软件测试流程的目的是给企业在软件开发过程中与测试相关的活动提供指导，确保软件可以真正满足用户的要求。软件测试流程指导企业如何开展项目的各项测试活动，以及确定各项活动的输入与输出；约定活动中所涉及的角色与职责，规范各项活动的内容和规程以及所使用到的统一的模板、表单、指导书和检查单。

在软件项目中，测试和开发是相互配合、同步推进的。由于软件项目的复杂性，被测对象往往不断发生变化，在实际项目中，测试与开发的关系更加复杂。虽然关系复杂，但是测试工作的开展还是有一定的过程要遵循。

虽然在项目的开发过程中有很多种不同的测试类型、不同的测试阶段，但是针对每次测试来说，存在一个一般性的流程。

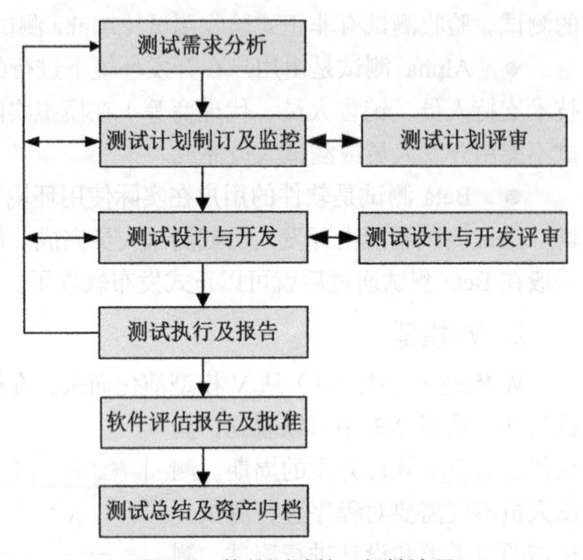

图 2-5 软件测试的一般性流程

在软件测试的一般性流程（见图 2-5）中，首先进行测试需求分析，然后进行测试计划制订及监控，接下来进行测试设计与开发，之后进行测试执行及报告。测试执行完毕后，最终给出软件评估报告和测试总结。在实际运行中，各企业会根据自己的实际情况对该过程进行调整。

1. 测试需求分析

相关人员收集相关资料，学习业务（测试对象），分析测试需求。

2. 测试计划制订及监控

测试主管组织并编写《测试计划》文档，该文档指明测试范围、方法、资源及相应测试人员的时间进度安排，其中包括软件和硬件资源、集成顺序、人员时间进度安排和可能的风险等内容。测试计划需要进行评审，并且测试计划一旦开始执行，就要定期监控计划的执行情况。

3. 测试设计与开发

测试设计一般由对需求熟悉的资深测试人员进行，要求根据《软件需求规格说明书》上的每个需求设计出包括需求简介、测试思路和详细测试方法在内的方案。

测试开发主要是测试用例的开发，在此阶段需要完成测试用例编写、测试数据准备、测试环境准备等工作。测试用例是根据测试计划来编写的。通过测试需求分析，测试人员对整个软件需求有了深刻理解，然后开始编写用例，这样才能保证用例的可执行性和对需求的高覆盖。测试用例需要包括测试项、用例级别、预置条件、操作步骤和预期结果。其中，操作步骤和预期结果需要编写得详细、明确。测试用例应该覆盖测试方案，而测试方案又应该覆盖测试需求，这样才能保证用户需求不遗漏。同样，测试用例也需要进行评审。

4. 测试执行及报告

此阶段的主要任务是执行测试用例，及时提交测试中发现的缺陷，及时反馈测试情况。

5. 软件评估报告及批准

根据测试结果给出对软件的整体评估，以及是否通过测试的建议。一般情况下，决策部门会根据这份评估报告决定软件是否可以进入下一个阶段。

6. 测试总结及资产归档

项目结束后，对整个测试流程进行回顾和总结，并将项目相关资源进行整理归档。

与一般项目不同，大型项目，特别是产品型项目，在开发过程中会将开发任务划分为多个子项目（模块），其项目管理更加复杂，测试管理也更加复杂。图 2-6 所示为某复杂大型项目的测试流程。

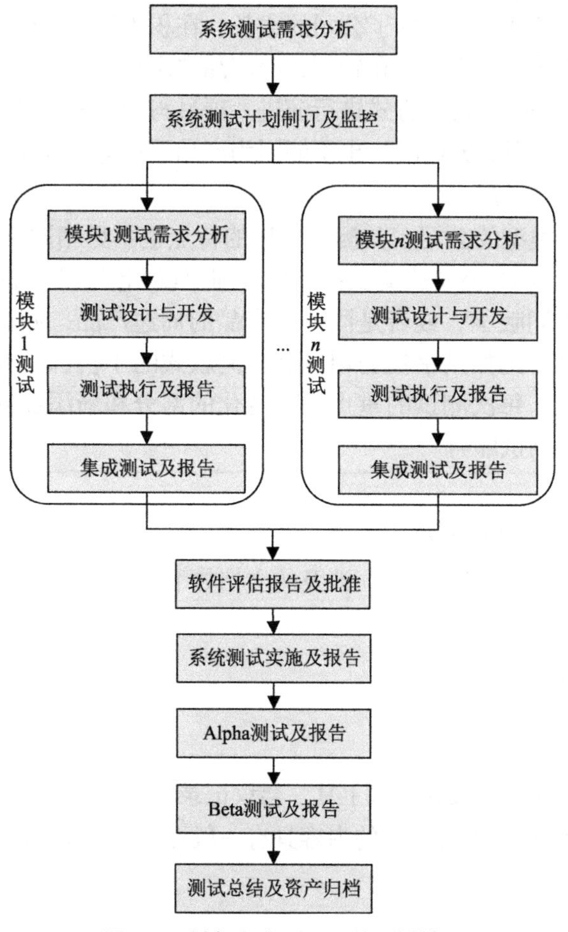

图 2-6 某复杂大型项目的测试流程

从图 2-6 中可以看出，复杂的大型项目在测试流程中会先对软件整体进行测试规划，再分模块进行测试执行，最后进行整体测试。

项目型 IT 公司、产品型 IT 公司、混合型 IT 公司

（1）项目型 IT 公司：承包项目，能够根据客户需求完成项目的公司。这类公司的业务就是不断承接项目、完成项目。我国 90%以上的 IT 公司都是项目型的。由于项目的一次性、独特性等，导致其具有实施成本高、风险高、对项目人员要求高等特点。

（2）产品型 IT 公司：产品与项目的不同在于需求的来源。项目需求是由客户提出的；产品需求是公司根据市场情况自己挖掘、设计出来的，其产品投入市场之前很难确定用户是否接受，成功的风险比项目的大，一旦成功，利润也比较高。产品型 IT 公司就是自己设计产品然后推向市场。美国的苹果、微软、Oracle 等都是全球公认的产品型 IT 公司，它们引领市场的发展和世界的技术潮流。国内的用友、金蝶等公司也是公认的产品型 IT 公司，它们是企业财务和管理软件产品化的典型代表。

（3）混合型 IT 公司：处在完全项目型阶段的 IT 公司，不能否定其项目的价值与意义，它助推了公司的成长，在积累到一定数量的客户后，这类公司将逐步往产品型过渡和转型，而产品在用户和市场方面发生变化时，这类公司也将按照项目的方式进行演进。项目与产品是辩证统一的关系。公司不能为了项目而放弃产品，也不能因为产品而完全放弃项目，它们之间离开谁都无法独立存在。

不同类型的公司，其测试管理的特点也不尽相同。不同于项目型 IT 公司，产品型 IT 公司的测试产品比较固定或相似，测试的对象一般是同一个产品的不同版本，或者是同一个产品的周边产品，测试的复用率和可借鉴性比较高。比如某手机公司，其不同款式的手机都是在基础款的基础上变化而来的，每次测试的重点都是变化的部分和新添加的部分，原有的部分进行回归测试即可。

2.4 软件测试流程资产

软件测试流程中会产生多个文档，涉及的文档如下。

① 测试计划（测试方案）。

② 测试用例列表。

③ 测试缺陷列表。

④ 测试总结报告。

⑤ 其他，如新开发或引入的测试工具、会议记录、评审报告等。

软件测试流程中涉及的关键文档的内容具有一般性，表 2-1 列出了关键文档及其主要内容。

表 2-1 软件测试流程中涉及的关键文档及其主要内容

文档名	作用	主要内容
测试计划（测试方案）	描述为完成软件特性的测试而采用的测试方法的细节；描述测试活动的安排和管理	● 测试范围和策略：被测对象、被测试的特性、不被测试的特性、测试模型、测试需求、测试设计 ● 测试环境和工具 ● 测试出入口准则及暂停标准 ● 测试人员要求 ● 测试管理约定 ● 任务安排和进度计划 ● 风险和应急
测试用例列表	描述测试用例的具体细节	● 测试项目 ● 用例编号 ● 用例级别：测试用例的重要程度 ● 用例可用性 ● 输入值 ● 预期输出 ● 实测结果 ● 特殊环境需求（可选） ● 特殊测试步骤（可选）
测试缺陷列表	描述测试缺陷	● 缺陷简述 ● 缺陷描述 ● 缺陷级别 ● 缺陷状态
测试总结报告	描述测试结果	● 测试时间、地点、人员 ● 测试环境 ● 测试结果统计分析 ● 测试评估 ● 测试总结与改进 ● 遗留缺陷列表

2.5 软件测试流程的建立

为了更好地开展软件测试管理，需要为测试项目的执行建立软件测试流程。软件测试流程主要包括以下内容。

① 定义团队在软件开发过程中各阶段（设计、开发与实现、维护、退出）与测试相关

活动的内容、步骤及规范。

② 为测试相关活动提供指导。指导如何开展项目的各项测试活动，以及各项测试活动的输入与输出。

③ 约定活动中所涉及的角色与职责，规范各项活动的内容和规程以及统一使用的模板、表单、指导书和检查单。

图 2-7 所示为某企业软件测试跨职能流程，图中详细定义了测试需要开展的阶段，以及各个阶段的参与人员、负责人员及相关任务。

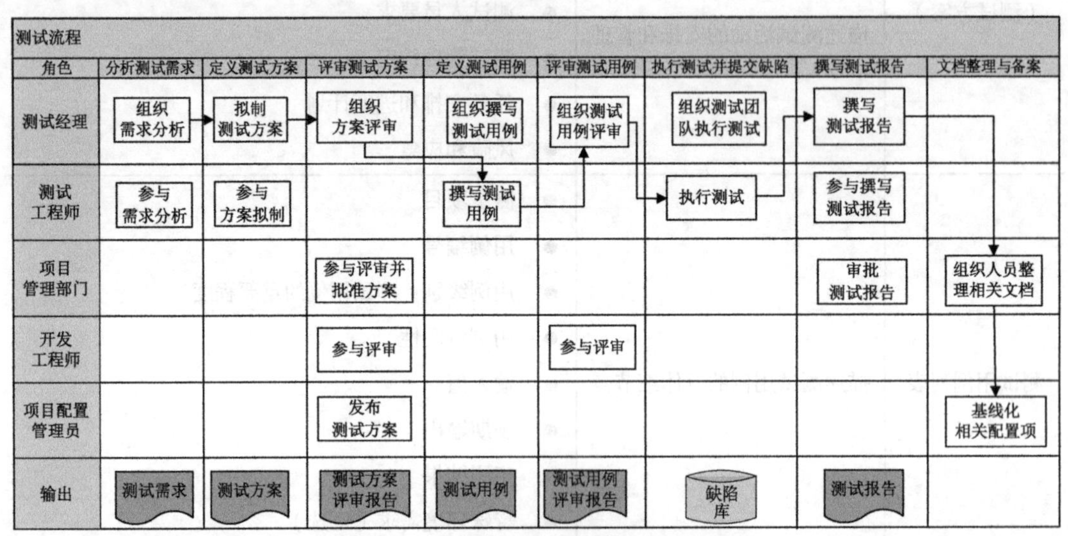

图 2-7　某企业软件测试跨职能流程图

定义软件测试流程时需要将过程中用到的模板定义清楚，并将任务指南编写好。表 2-2 所示是某企业软件测试流程的文档清单。

表 2-2　某企业软件测试流程的文档清单

编　号	文档类型	文档名称	备　注
1	过程（Procedure）	QP_测试过程.pdf	团队测试过程描述文档
2	指南（Guideline）	GL_测试用例编写指南.docx	主要描述测试用例设计方法、设计原则、与团队项目相关的通用测试项的测试用例设计点
3	指南	GL_缺陷报告及管理指南.docx	描述缺陷的优先级、严重程度等的字段要求，以及缺陷的生命周期
4	模板（Template）	T_测试方案_××项目××版本.docx	描述测试方案中要求的内容及内容的简要说明
5	模板	T_测试用例_××项目.xlsx	描述测试用例编写需要提交的字段，以及字段的选项限定

续表

编　号	文档类型	文档名称	备　注
6	模板	T_缺陷跟踪表.xlsx	描述缺陷报告提交的字段要求。为了方便跟踪，一般团队的缺陷统一在 B/S（Browser/Server，浏览器/服务器）模式的信息管理平台进行管理
7	模板	T_测试报告_××项目××版本_YYYYMMDD.docx	描述测试报告中要求的内容及内容的简要说明
8	检查单（Checklist）	CL_测试方案评审检查单.docx	描述测试方案评审时的评审要点
9	检查单	CL_测试用例评审检查单.docx	描述测试用例评审时的评审要点

在建立软件测试流程的过程中，具体要开展哪些测试、测试的具体要求等都要根据被测软件及人员的能力现状而定，不能盲目追求达到最高要求，合适的才是最好的。

建立软件测试流程一定要从实际情况出发，重点定义哪些测试要做、谁做、什么时间做、如何做等问题。软件测试过程的定义要非常明确，达到可执行、具有指导性的程度。团队的实际情况包括团队与开发的关系（是开发与测试协同型团队，还是第三方测试团队）、团队的组织架构情况、团队要开展哪些测试等。如果团队需要开展模块测试和系统测试，则可能要分别定义模块测试和系统测试的过程及模板。

需要注意的是，软件测试流程建立后并不是一成不变的，要根据实际情况不断改进和完善，进行修订后要及时进行过程发布。一般在软件测试流程执行中要设置一定的机制，以保证测试人员按照软件测试流程开展测试活动。一般通过 QA（Quality Assurance，质量保证）人员和审计活动来确保测试流程的执行。在执行软件测试流程时，每一轮执行完毕之后都要对流程进行更新和完善。这里要注意区分测试执行和测试过程执行，测试执行是按照测试计划去执行测试活动，而测试过程执行是严格按照测试的流程去开展测试活动。

2.6 软件测试流程中的度量分析

在建立软件测试流程时，要考虑测试数据的度量分析。测试数据的度量分析主要用于积累数据、评价工作、改进过程、预测趋势。

开展测试数据的度量分析，就要先建立测试数据采集机制，然后确定要采集数据的种类、数量和频次，还要专门指定数据采集的负责人，以及安排人员进行检查。同时，要充分利用合适的工具去辅助完成数据的采集和统计，还要建立专门的数据库，用于长期保存各种数据。

1. 测试数据度量分析的主要目的

- 积累：积累原始实践数据，为分析做准备。
- 评价：通过分析结果，对测试和开发工作进行量化评价。
- 改进：基于分析结果发现问题，直到工作改进。

● 预测：基于现有数据预测发展趋势和风险。

2. 建立测试数据采集机制

● 确立数据采集机制，将数据采集作为测试日常工作开发。
● 确定采集数据的种类、数量、频次等。
● 确定数据采集的负责人。
● 安排人员进行检查，确保数据采集工作的持续进行。
● 利用合适的工具辅助完成测试数据的采集和统计。
● 建立数据库，长期保存各项数据。

3. 常见的测试度量项

● 工作量估算偏差。
● 进度估算偏差。
● 遗留缺陷密度。
● 测试缺陷发现率。

2.7 实践任务2：实践环境准备

【实践任务】

① 下载并安装禅道软件。
② 将项目组成员添加到禅道软件中。

【实践指导】

实践用到的禅道软件可以通过禅道的官方网站进行下载，建议使用开源版中的Windows一键安装版。

【实践步骤】

① 下载禅道软件。
② 安装禅道软件。
③ 启动并使用默认的超级管理员账号登录禅道软件。
④ 将项目组成员添加到禅道软件中。

理论考核

学号：_______ 姓名：_______ 得分：_______ 批阅人：_______ 日期：_______

一、单项选择题（本大题共 15 小题，每小题 5 分，共 75 分。每小题只有一个选项符合题目要求）

1.（　　）的局限性在于没有明确地说明早期的测试，不能体现“尽早和不断进行软件测试”的原则。

A．V 模型　　B．W 模型　　C．H 模型　　D．X 模型

2．软件测试的 V 模型发展自软件开发的（　　）。

A．瀑布模型　　B．螺旋模型　　C．原型模型　　D．增量模型

3．针对面向对象类中定义的每个方法的测试，基本上相当于传统软件测试中的（　　）。

A．集成测试　　B．系统测试　　C．单元测试　　D．验收测试

4．[软件评测师]在编码阶段对系统执行的测试类型主要包括单元测试和集成测试，（　　）属于单元测试的内容。

A．接口数据测试　　B．局部数据测试

C．模块间时序测试　　D．全局数据测试

5．[软件评测师]以下关于软件测试分类定义的叙述中，不正确的是（　　）。

A．软件测试可分为单元测试、集成测试、确认测试、系统测试、验收测试

B．确认测试是在模块测试完成的基础上，将所有的程序模块进行组合并验证其是否满足用户需求的过程

C．按测试方法分，软件测试可分为白盒测试和黑盒测试

D．系统测试是将被测软件作为整个基于计算机系统的一个元素，与计算机硬件、外设、某些支持软件、数据和人员等其他系统元素结合在一起进行测试的过程

6．必须要求用户参与的测试阶段是（　　）。

A．单元测试　　B．集成测试　　C．确认测试　　D．验收测试

7．在软件底层进行的测试称为（　　）。

A．系统测试　　B．集成测试　　C．单元测试　　D．功能测试

8．测试过程中，正确的测试顺序应该是（　　）。

①单元测试

②集成测试

③系统测试

A．①②③　　B．③①②　　C．②③①　　D．③②①

9．对 Web 网站进行的测试中，属于功能测试的是（　　）。

A．连接速度测试　　B．链接测试　　C．平台测试　　D．安全性测试

10.（　　）主要对与设计相关的软件体系结构的构造进行测试。

A．系统测试　　B．集成测试　　C．单元测试　　D．功能测试

11．典型的软件测试模型有（　　）等。

A．V 模型、W 模型、H 模型、渐进模型

B．V模型、W模型、H模型、螺旋模型

C．X模型、W模型、H模型、前置测试模型

D．X模型、W模型、H模型、增量模型

12．（ ）强调测试计划等工作的先行和对系统需求、系统设计的测试。

A．V模型　　B．W模型　　C．渐进模型　　D．螺旋模型

13．软件工程的基本要素包括方法、工具和（ ）。

A．软件系统　　B．硬件环境　　C．过程　　D．人员

14．[软件评测师]以下关于基于V&V原理的W模型的叙述中，（ ）是错误的。

A．W模型指出当需求被提交后，就需要确定高级别的测试用例来测试这些需求，当详细设计编写完成后，即可执行单元测试

B．根据W模型要求，一旦有文档提供，就要及时确定测试条件、编写测试用例

C．软件测试贯穿于软件定义和开发的整个期间

D．程序、需求规格说明、设计规格说明都是软件测试的对象

15．以下关于测试时机的叙述中，不正确的是（ ）。

A．应该尽可能早地进行测试

B．软件中的错误暴露得越迟，则修复和改正错误所花费的代价就越高

C．应该在代码编写完后开始测试

D．项目需求分析和设计阶段都需要测试人员参与

二、判断题（本大题共5小题，每小题5分，共25分）

16．静态白盒测试可以找出软件的遗漏之处和问题。（ ）

17．采用瀑布模型进行系统开发的过程中，每个阶段都会产生不同的文档。《需求说明》文档在详细设计阶段产生。（ ）

18．回归测试的目的是检测意外引入的副作用；确认测试的目的是检查原来的缺陷是否被修复。（ ）

19．验收测试是以最终用户为主的测试。（ ）

20．自底向上集成需要测试人员编写驱动程序。（ ）

任务 3 分析软件测试需求

测试需求是测试的出发点，本任务主要讲述什么是软件需求、什么是测试需求，以及如何开展测试需求分析。

学习目标

- 了解不同层次的软件需求。
- 理解测试需求的重要性及测试需求分析的步骤。
- 掌握测试类型分析的方法。
- 掌握测试需求的表达方式。
- 能够根据理论开展软件项目测试需求的分析。

素养小贴士

谋定而后动，知止而有得

无论做任何事情，弄清楚任务（需求）是前提。

根据 51Testing 发布的《2023 软件测试行业现状调查报告》，自 2011–2023 年以来，测试工作中影响测试效果的技术障碍中，“测试人员获得的需求不完整、不清晰、不规范”一直稳居首位，根据 2023 年的调查结果，此项的占比高达 59.0%。

测试需求之所以重要，因为它具有方向性，是所有测试工作的基础。所谓知己知彼，百战不殆，如果我们对所做的事情没有清晰全面的认识，只凭感觉做事，最终可能就会失败。项目是如此，日常生活中也是如此，做事情之前，我们一定要先弄清楚任务是什么，谋定而后动，知止而有得。

3.1 测试需求

3.1.1 认识软件需求

软件需求是测试需求的基础。要认识测试需求，首先要认识软件需求。软件需求分为业务需求、用户需求、功能需求 3 个层次（见图 3-1）。

微课 3-1
认识软件需求

1. 业务需求

- 组织或客户的高层次目标。
- 描述为什么要开发——Why，希望达到什么样的目标。
- 一般 2 ~ 5 条，记录在《软件愿景和范围》文档中。

2. 用户需求

- 从用户角度描述软件必须完成的任务。
- 用户能使用软件来做什么——What。
- 通过用户访谈、调查、对用户使用场景进行整理等方法获取这些需求。

3. 功能需求

- 描述开发人员实现的软件功能。
- 描述开发人员如何设计具体的解决方案来实现这些功能——How。
- 其数量往往比用户需求高一个数量级。
- 属于《软件需求规格说明书》的一部分。

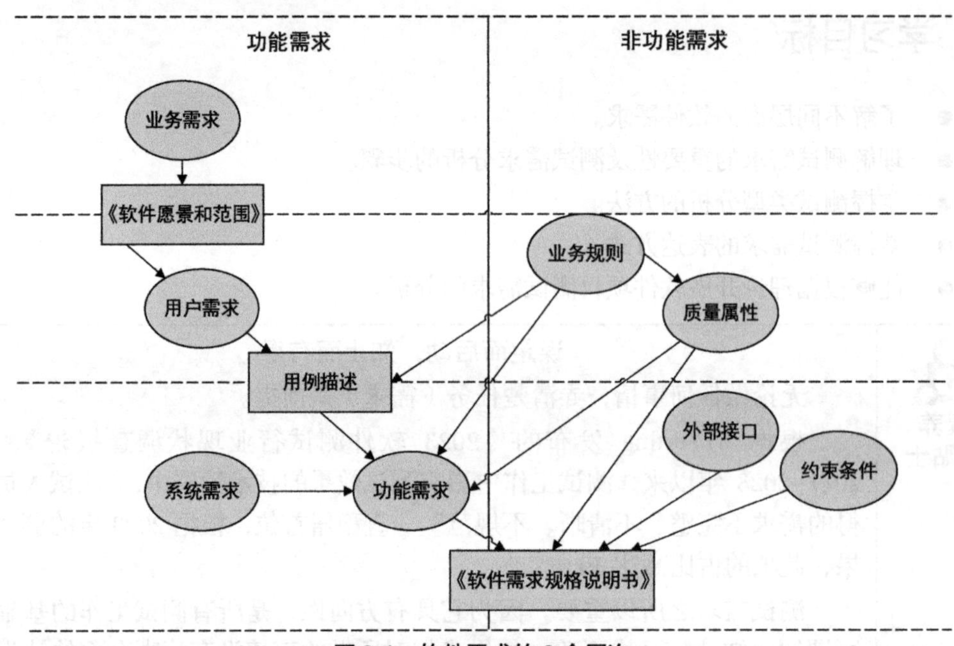

图3-1 软件需求的3个层次

软件需求包括功能需求和非功能需求两个方面。

1. 功能需求

- 用户需求。
- 系统需求：用于描述包含多个子系统的软件（即系统）的顶级需求，它是从系统实现的角度描述的需求，有时还需要考虑相关的硬件、环境方面的需求。
- 业务需求：业务需求本身并非软件需求，因为它们不属于任何特定软件系统的范围。然而，业务需求常常会限制谁能够执行某些特定用例，或者规定软件系统为符合相关规则必须实现某些特定功能。它包括企业方针、政府条例、工业标准、会计准则和计算方法等。有时，功能中特定的质量属性（通过功能实现）也源于业务需求。所以对某些功能需求进行追溯时，会发现其来源可能是一条特定的业务需求。业务需求可能产生功能需求，也可能产生非功能需求。

2. 非功能需求

● 质量属性：软件必须具备的属性或品质。软件的质量属性包括可用性、可修改性、安全性、可测试性、易用性等。

● 约束条件：也称为限制条件、补充规约，通常是对解决方案的一些约束说明。

● 外部接口：外部接口需求。

3.1.2 认识测试需求

无论做任何事，为了避免出现方向性错误，人们首先要了解需求，测试也是如此。测试需求主要解决“测什么”的问题，是整个测试项目的基础，是制订测试计划、开发测试用例的依据。清晰、完整的测试需求有助于保证测试的质量与进度，有助于确保测试的覆盖率。如果没有明确的测试需求就开展测试工作，那么经常会出现需求遗漏、产品质量关注不全面等问题。

测试需求必须是可以核实的，它们必须有一个可观察、可评测的结果，无法核实的需求不是测试需求。测试需求不涉及具体的测试用例和测试数据，测试用例和测试数据是测试设计环节的内容。

如果要明确测试需求，就要开展测试需求分析活动。测试需求分析的输入是《软件需求规格说明书》。测试需求分析的目标是明确测试范围和功能处理过程。

3.1.3 测试需求分析知识准备

1. 软件的测试分类

软件测试是一项系统性工程，从不同的角度考虑可以有不同的分类方法，了解各种不同的测试分类，能更好地理解测试、开展测试。图 3-2 所示为软件测试常见的分类角度及相应的类别。

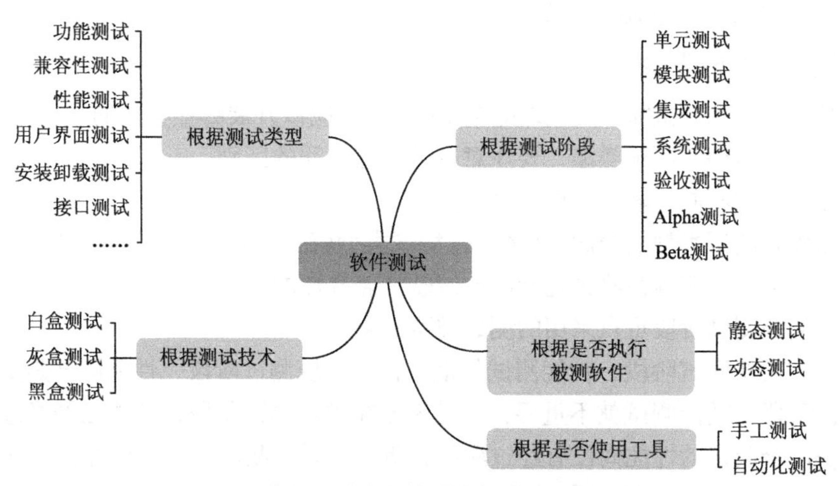

图 3-2 软件测试常见的分类角度及相应的类别

（1）根据测试阶段进行分类

根据软件测试流程中各个阶段要开展的测试来划分，软件测试可分为单元测试、模块测试、集成测试、系统测试、验收测试等。

（2）根据是否执行被测软件进行分类

根据是否需要执行被测软件，可将软件测试分为静态测试和动态测试。静态测试不执行被测软件，例如，需求文档评审、设计文档评审、代码走查等。动态测试则通过执行被测软件开展测试。

（3）根据是否使用工具进行分类

根据测试是手工执行的还是使用工具执行的，可以将软件测试分为手工测试和自动化测试。一般情况下，性能测试用自动化测试方式。

（4）根据测试技术进行分类

根据测试技术可将软件测试分为黑盒测试、白盒测试和灰盒测试。白盒测试通过对软件内部结构的分析、检测来寻找问题。黑盒测试通过软件的外部表现来发现其缺陷和错误。灰盒测试是介于白盒测试和黑盒测试之间的测试，灰盒测试不仅关注输入输出的正确性，同时关注软件内部的情况。灰盒测试不像白盒测试那么详细、完整，但又比黑盒测试更关注软件的内部逻辑，常常通过一些表征性的现象、事件、标志来判断软件内部的运行状态。

（5）根据测试类型进行分类

测试类型的概念很早就已经存在，根据测试类型可将软件测试分为性能测试、用户界面测试、功能测试、兼容性测试等。

2. 软件的测试类型

软件测试的执行阶段是由一系列不同测试类型的执行过程组成的。每种测试类型都有其具体的测试目标和支持技术，每种测试类型都只侧重对测试目标的一个或多个特征及属性进行测试。准确的测试类型可以给软件测试带来事半功倍的效果。

软件的测试类型有很多种，同一种测试类型还可能有多个不同的名字。如果在网络上搜索，会发现大概有 30 多种测试类型，如功能测试、兼容性测试、接口测试、数据库完整性测试、配置测试、内存泄漏测试等。

3. 软件测试类型分析

微课 3-2
软件测试类型分析

面对被测软件和测试需求，测试人员需要先分析应该开展哪些类型的测试。为了更好地确定测试类型，要注意测试类型之间的区别。

（1）测试类型不同，软件测试角度不同

测试角度是测试类型划分的主要依据。测试类型就是针对某个测试角度而提出的，例如，兼容性测试是专门测试软件兼容性的。

（2）不同的测试阶段重点采用的测试类型不同

例如，在模块测试阶段，功能测试是重点；在系统测试阶段，性能测试是重点。不是说系统测试阶段的功能测试就不重要，而是因为在模块测试阶段，功能已经经过测试，但是所有模块配合起来的性能尚没有经过测试，所以在系统测试阶段要更加关注性能测试。

（3）不同的测试类型会发现不同类型的缺陷

缺陷有功能缺陷、界面缺陷、性能缺陷等，不同的测试类型会发现不同类型的缺陷。

（4）不同的测试类型有不同的测试方法

不同的测试类型采取的主要测试方法也不相同，如性能测试一般采用自动化测试方法，功能测试则不一定。

（5）不同的软件对应的测试类型的集合可能有很大的不同

知识拓展

软件有不同的类型，常见的有移动应用软件、Web 应用软件、单机版软件。

移动应用软件通常是在手机端运行的软件，如美团、京东的移动应用端。

Web 应用软件通常是 B/S 架构的软件，可通过浏览器访问，如各种办公系统和电子商务系统。现在的 Web 应用软件，一般既有 PC（Personal Computer，个人计算机）端，也有移动端。例如，可以通过 PC 端的浏览器访问京东，也可以通过移动端的京东 App 访问。

单机版软件通常是安装到本地机以后，不需要联网就能运行的软件，一般占用 PC 端资源比较多，如 Photoshop、WPS、AutoCAD 等。

不同软件的测试角度和测试重点有很大的不同，对应需要开展的测试（测试类型）也有很大的不同。例如，单机版软件和 C/S 架构的软件需要开展客户端的安装卸载测试，B/S 架构的软件则不需要进行安装卸载测试；移动应用软件需要进行交叉事件的测试、流量和电量消耗测试，而单机版软件一般不需要。表 3-1、表 3-2 和表 3-3 分别列出了移动应用软件、单机版软件、Web 应用软件的主要测试类型。

表 3-1　移动应用软件的主要测试类型

编号	移动应用软件测试类型	测试涉及的内容简介
1	安全测试	软件授权注册； 软件获取系统的权限，如访问联系人信息等
2	用户界面测试	测试用户界面，包括导航、布局、文字、图片、配色等
3	功能测试	对需求文档中的功能进行测试
4	性能测试——响应速度测试	正常环境下，App 中的关键操作响应时间能否满足用户要求，如安装、升级、卸载响应时间，App 启动时间，其他关键操作（搜索、上传、下载等）响应时间
5	性能测试——极限测试	极限条件下 App 的响应速度测试，如在电量低、存储空间紧张、网速慢等运行环境比较差的条件下进行测试
6	性能测试——资源占用率测试	在典型场景下测试系统资源（CPU、内存）的使用情况，如在 App 启动后、App 加载数据后（打开一个文件或显示一些数据）、App 长时间反复操作后进行测试
7	流量和电量消耗测试	测试 App 使用的流量和电量
8	兼容性测试	不同操作系统的兼容性； 不同手机分辨率的兼容性； 不同手机品牌的兼容性

续表

编号	移动应用软件测试类型	测试涉及的内容简介
9	交叉事件测试	App 在运行过程中，另外一个事件或操作发生时的测试，如在有来电、收发邮件等情况下进行测试
10	安装卸载测试	在主流的系统和不同手机品牌上开展测试，包括 App 安装、升级更新、卸载

表 3-2　单机版软件的主要测试类型

编号	单机版软件测试类型	测试涉及的内容简介
1	功能测试	软件功能测试
2	速度性能测试	复杂命令的速度，如在使用 WPS 编辑文件时进行多内容的复制、粘贴
3	性能测试——资源利用性测试	程序启动后占用内存资源，指启动后未进行任何操作的情况下所占内存； 打开大文件后占用内存资源，如打开 5MB、10MB 等不同大小的文件后所占内存； 复杂命令操作过程中占用内存资源，如进行大量数据复制、粘贴时所占内存
4	兼容性测试	文件兼容性，如在新版本中打开旧版本的文件； 主流操作系统的兼容性； 如果软件与硬件密切相关，那么需要测试软件在不同硬件环境下的表现，例如，有些绘图软件与显卡密切相关，那么需要测试主流显卡环境下的软件表现
5	易用性测试	在测试过程中从多方面体验软件，例如，对于用户界面，进行菜单、工具栏等的易用性测试
6	错误恢复测试	错误后找回文件并恢复文件，例如，在使用 WPS 编辑文件过程中计算机断电，重启后能不能找回并恢复之前编辑的文件
7	用户文档测试	用户手册（PDF 格式）； 帮助文档（CHM 格式）； 操作演示视频
8	多语言国际化测试	进行简体中文版本以外的语言版本测试，如英语、繁体中文、日语等
9	安装卸载测试	安装软件测试； 卸载软件测试； 升级软件测试

表 3-3　Web 应用软件的主要测试类型

编号	Web 应用软件测试类型	测试涉及的内容简介
1	功能测试	软件功能测试，如链接测试（链接是否能正确链接到目标页面）、表单测试（表单是否能正常输入、进行表单提交等）
2	用户界面测试	测试用户界面，包括导航、布局、文字、图片、配色等
3	性能测试——时间特性测试	请求或事务的响应时间（从发送请求到收到响应所经过的时间）
4	性能测试——资源利用性测试	服务器使用 CPU、内存等资源的情况
5	性能测试——容量测试	系统能支持的用户并发数； 数据库能存储的数据量； 交易吞吐量
6	兼容性测试	在不同浏览器中，页面样式和元素展示效果以及交互是否正常； 在不同分辨率下能否正常显示
7	安全性测试	认证与授权：用户密码是否加密； Session 与 Cookie：日志文件 Cookie 中密码是否加密等； 检查是否有 SQL 注入、XSS 跨站攻击漏洞等
8	数据库测试	编辑、删除、修改表单或进行其他任何数据库相关功能操作时，检查数据的完整性和是否有错误

通过表 3-1、表 3-2 和表 3-3 可以看出，不同软件的测试角度和测试重点有很大的不同，在测试需求分析中需要关注被测软件的类型，这里重点分析 Web 应用软件和单机版软件在测试中的不同点，举例如下。

- Web 应用软件的业务主要在服务器端完成，单机版软件的业务主要在 PC 端完成，因此单机版软件的资源利用性测试重点是测试客户端，Web 应用软件测试重点是服务器端。
- Web 应用软件一般是多用户访问的，需要测试多用户并发访问时服务器的表现；单机版软件一般不存在多用户并发访问。
- Web 应用软件的兼容性主要是针对不同的浏览器；单机版软件主要是针对操作系统和相关的硬件。
- Web 应用软件的数据一般存储在关系数据库中，需要开展数据完整性测试；单机版软件的数据一般不存储在关系数据库中，例如，WPS、Photoshop 等软件均有自己特殊的数据格式。

测试团队要根据软件的具体特征，不断补充及完善软件需要开展的测试类型，形成一个完整的测试类型列表，更好地服务于被测软件。

建立软件的测试类型列表并不容易，这里有两种方法可以参考。

一是建立软件的测试类型列表时参考以往的项目经验，例如，在对 B/S 架构的软件进行测试类型分析时，以往同类的 B/S 架构软件的测试类型就是一个重要的参考。

二是对照软件质量特性寻找对应的测试类型。

GB/T 25000.10—2016标准是评价软件质量的国家标准，其定义系统/软件产品质量由8个质量特性和39个质量子特性组成。进行软件测试时，可以从这8个质量特性和39个质量子特性去测试、评价一个软件。因此在进行测试类型分析时，对于大部分的软件，可以考虑从质量特性着手进行软件测试类型分析。表3-4所示为GB/T 25000.10—2016定义的性能效率质量特性的所有质量子特性，对照这些质量子特性的含义，结合软件的需求就可以进行相关的测试类型分析。

表3-4　GB/T 25000.10—2016定义的性能效率质量特性的所有质量子特性

编号	质量子特性名	质量子特性含义
1	时间特性	系统/软件产品执行其功能时，其响应时间、处理时间及吞吐率满足需求的程度
2	资源利用性	系统/软件产品执行其功能时，所使用资源数量和类型满足需求的程度
3	容量	系统/软件产品参数的最大限量满足需求的程度
4	性能效率的依从性	系统/软件产品遵循与性能效率相关的标准、约定或法规以及类似规定的程度

注意

不必过分纠结于测试类型。

登录测试属于功能测试还是安全性测试呢？测试不同操作系统下软件的安装与卸载，属于安装卸载测试还是兼容性测试呢？软件安装与卸载的响应时间测试属于安装卸载测试还是响应时间测试呢？

可以将以上问题理解为被测对象的颗粒度不同，测试类型分析不仅适用于分析一个软件，也可以具体分析一个需求。例如，可以对“安装卸载测试”这个具体的测试项开展测试需求分析，分析结果包括功能测试、用户界面测试、响应时间测试、极限测试、兼容性测试等。

在进行软件测试类型分析时不必过分纠结于要分多少种测试类型，以及某个测试属于什么测试类型，最关键的是要覆盖全部的测试需求，没有遗漏。在进行测试任务划分的时候，并不是对每种测试类型单独开展测试的。例如，可以将用户界面测试包含在功能测试中；将安装包的兼容性测试包含在安装卸载测试中，而不是兼容性测试中。

3.2 测试需求分析的步骤

测试需求分析一般有4个步骤（见图3-3）：原始需求收集、原始需求整理、需求项分析、建立测试需求跟踪矩阵。

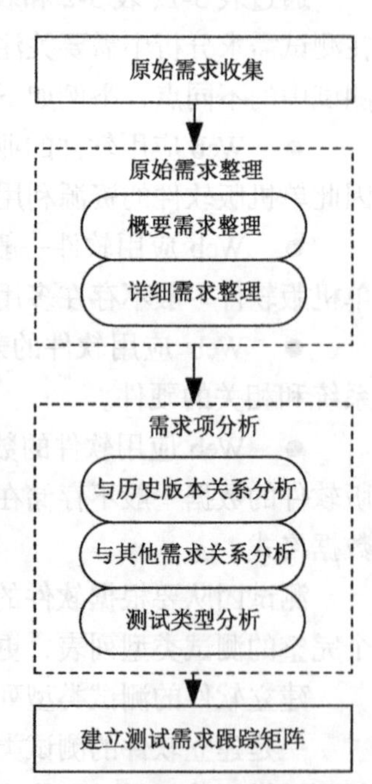

图3-3　测试需求分析的步骤

3.2.1　原始需求收集

原始需求是整个测试活动的输入。一方面，原始需求收集要注意收集的广泛性和全面性，要尽可能地收集原始需求，不要将需求仅仅局限于各种文档、资料。另一方面，原始需求的收集要根据项目的实际情况来开展，不同的产品背景、团队开发流程规范性、测试阶段有不同的侧重点。

微课 3-3
测试需求分析的步骤

- 不同的产品背景：如果是用户定制性产品，则原始需求收集以《用户需求规格说明书》为主；如果是公司自行设计推出的产品，则要将产品愿景等纳入原始需求收集范围。
- 不同的团队开发流程规范性：如果产品的需求分析、管理和跟踪开展得比较好，则可以用户需求规格和系统需求规格为主要需求来源，这时产品的原始需求都已经集中到《需求规格说明书》中。如果原始需求管理不规范，那么原始需求的收集范围就要相应地扩大。
- 不同的测试阶段：不同测试阶段参考的原始需求有所不同，比如模块测试阶段要参考模块的需求和设计、验收测试阶段则要参考用户需求。

原始需求的来源可能包括但不局限于以下内容。

- 用户需求。
- 系统开发需求。
- 产品愿景。
- 产品设计说明书。
- 同类竞争产品及其说明书。
- 旧产品及其说明书（如果是产品升级换代的情况）。
- 相关的协议和规范：如果产品要符合某种协议和规范，则要将相关的协议和规范包含在需求范围内，例如，儿童手机对辐射度的规范要求、建筑软件中对计算精度的规范要求等。

完成原始需求收集后产生原始需求来源样表，如表 3-5 所示。

表 3-5　原始需求来源样表

来源编号	原始需求来源	原始资源名称以及存放地址
1	用户需求	用户需求规格说明书_××管理系统.docx
2	系统开发需求	系统需求规格说明书_××管理系统.docx
3	旧产品及其说明书	旧版本的 App 移动端软件
……	……	……

3.2.2　原始需求整理

原始需求收集完毕后需求是原始的，甚至可能是凌乱的，需要进一步地整理。整理时要确保覆盖全面，不遗漏，并且注意对需求进行归类和补充。

实际执行中，很难一次性整理出所有详细的测试需求，可以先进行概要需求整理，再进行详细需求整理。

1. 概要需求整理

软件设计通常分为概要设计和详细设计，在需求整理中也应遵循先概要后详细的方法，一般先整理出概要部分，从而对被测对象的需求有一个整体的把握，然后对每一个部分进行详细的分析、整理。

开展概要需求整理有以下原因。

- 一般情况下，测试团队需要在短时间内给出测试计划，时间上不允许等所有的测试需求都分析到非常详细的时候才制订测试计划。
- 如果测试方是一个团队，就需要所有人配合工作，测试经理可以根据整理出的概要需求进行工作分配，便于测试团队从整体上把握被测对象。

概要需求整理的主要工作是浏览所有的原始需求来源资料，弄清楚软件有哪些用户角色，并给出软件的概要需求，概要需求一般可以分为功能需求和非功能需求两种。概要需求整理的结果建议用表或者图来表示，后者更加清晰、直观。图 3-4 所示为某在线课程作业管理系统的概要需求整理。

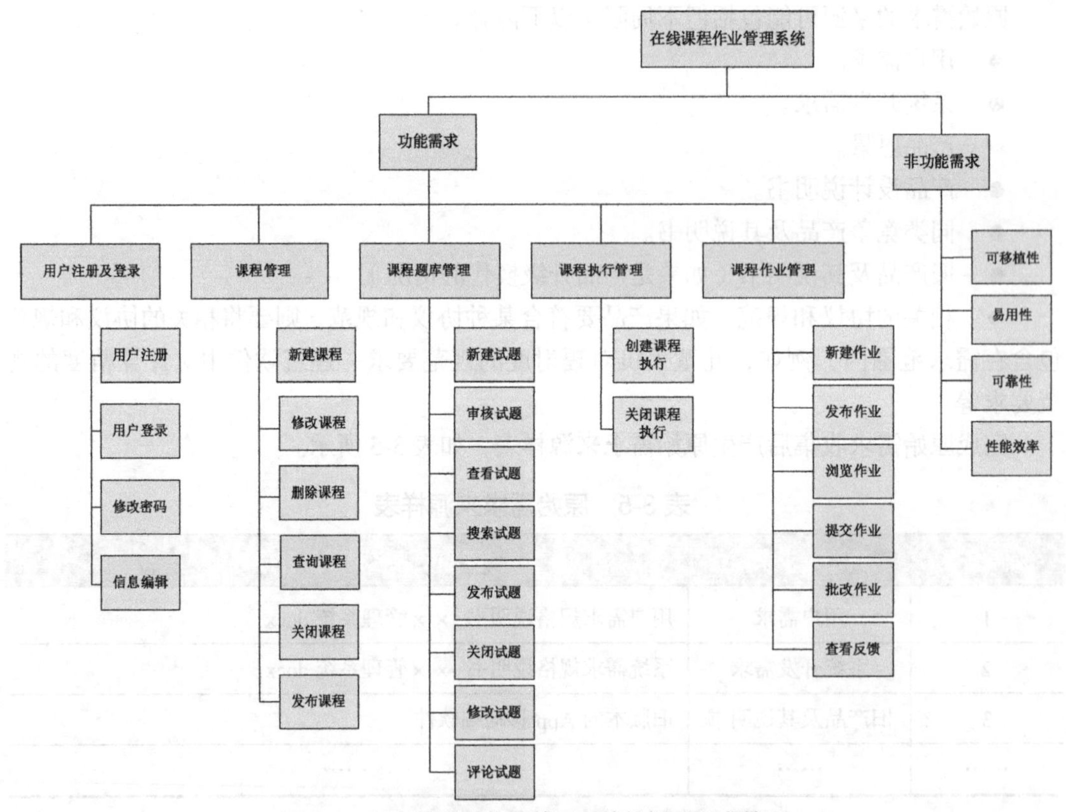

图 3-4 某在线课程作业管理系统的概要需求整理

2. 详细需求整理

在详细需求整理阶段，根据整体需求情况分模块整理详细的测试需求，除了记录测试需求之外，还要给每个测试需求编一个编号，一般还要记录每个测试需求的来源、原始软件需求描述等信息。

- 测试需求编号：给测试需求一个编号，一般用“功能模块-编号”的方式，如“输出-001”“输出-002”等。
- 测试需求描述：详细描述测试需求，将测试的要点都描述清楚。
- 优先级：描述该测试需求的优先级。测试需求的优先级与功能的优先级有关系，核心功能的测试需求优先级要高一些。
- 所属功能模块：描述该测试需求所属的功能模块。这里要引用在概要需求整理中划分出的模块。
- 需求来源：标明需求的来源。
- 需求描述：记录需求原始的描述。

如果有测试需求管理系统，则可以将测试需求直接提交给系统；如果没有使用这样的系统，则可以将需求直接整理在 Excel 表格中。表 3-6 所示为详细需求样表。

表 3-6　详细需求样表

测试需求编号	测试需求描述	优先级	所属功能模块	需求来源	需求描述
课程管理-001	教师能够新建一个课程、发布一个课程	高	课程管理	《软件需求规格说明书》	用教师角色登录后，能够新建一个课程，并填写课程基本信息；能够修改课程基本信息；能够发布课程，使得该课程可以被选择
……	……	……	……	……	……

3.2.3　需求项分析

详细需求整理完毕后可以得到所有测试需求项的列表，此时可以开展对需求项的分析。对需求项的分析可以从 3 个方面展开（见图 3-5）。

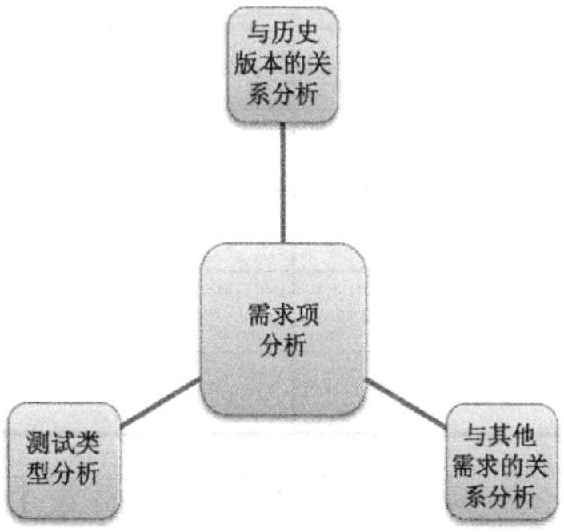

图 3-5　需求项分析的 3 个方面

1. 与历史版本的关系分析

分析被测试的新版本与历史版本之间的关系，主要分析需求项是新增加的需求还是修改的需求；如果是修改的需求，重点分析其修改了什么；以前的测试设计、用例和测试记录可以再次使用吗；是整个需求重新开发，还是在原来的基础上进行了部分修改。

如果是产品型 IT 公司，那么这部分的分析非常重要。产品型 IT 公司的软件的每个版本更新都是在原来版本的基础上进行的，可以借鉴的以往的测试内容也比较多。例如，Microsoft Office 软件就是典型的产品型软件，在测试新版本的 Office 时，一方面要引用比较多的历史版本的测试数据，另一方面要分析新版本、历史版本的区别，找到新版本需要补充测试的点。

2. 与其他需求的关系分析

软件功能不是独立的，功能之间存在交互关系。为了提高测试的完备性，要对需求与需求之间的关系进行分析。需求之间可能存在的关系如下。

- 一个需求引用另一个需求的数据，例如，登录功能使用了注册功能产生的数据，如果注册功能进行了变更，则可能会影响到登录功能。测试时要注意这种依赖关系，避免注册功能和登录功能各自正确但不能联动的情况出现，必要时可以补充一些综合测试用例来测试需求之间的这种关系。
- 一个需求影响另一个需求的操作，例如，在 Android 操作系统中，如果设置了手机锁屏和锁屏密码，则开机后会显示锁屏界面，并要求输入锁屏密码。

3. 测试类型分析

可以对整个软件进行测试类型分析，也可以对某个测试项进行测试类型分析。对测试项进行测试类型分析就是分析并列出测试需求项需要哪些类型的测试（具体分析方法可以参考 3.1.3 小节）。

3.2.4 建立测试需求跟踪矩阵

需求项分析完成后，为了方便后续对测试需求的跟踪和维护，需要建立测试需求跟踪矩阵。

测试需求跟踪矩阵记录从软件需求到测试需求的分解，以及从测试项到测试用例的分解。表 3-7 所示是一个简单形式的测试需求跟踪矩阵，在实际项目中可以根据需要扩充测试需求的属性，如测试需求的优先级、测试需求的测试类型等。

表 3-7 简单形式的测试需求跟踪矩阵

软件需求 ID	软件需求描述	测试需求 ID	测试需求描述	测试项	测试用例

测试需求跟踪矩阵需要不断地维护。一方面，软件需求一旦发生变更，就需要启动配置管理过程，将与软件需求变更的相关内容进行同步变更；另一方面，随着测试工作的进行，新的跟踪内容会不断添加，对跟踪矩阵进行扩展，例如测试设计阶段的测试用例、测试执行阶段的测试记录和测试缺陷，都可以添加到跟踪矩阵中。

3.3 测试需求分析项目案例

1. 原始需求收集

- 在线课程作业管理系统使用说明。

- 在线课程作业管理系统安装包。

2. 概要需求整理，了解系统的基本信息

- 系统来源于某企业，用于教育机构开展作业管理，是典型的 B/S 架构的 Web 应用软件。
- 系统的终端用户是教育机构的教师、学生、教务管理员。
- 本次测试的质量特性包括：功能性、性能效率、易用性、可移植性。

3. 概要需求整理，理解系统的主要业务流程

在线课程作业管理系统主要实现在线课程作业的管理，其主要业务流程如图 3-6 所示。

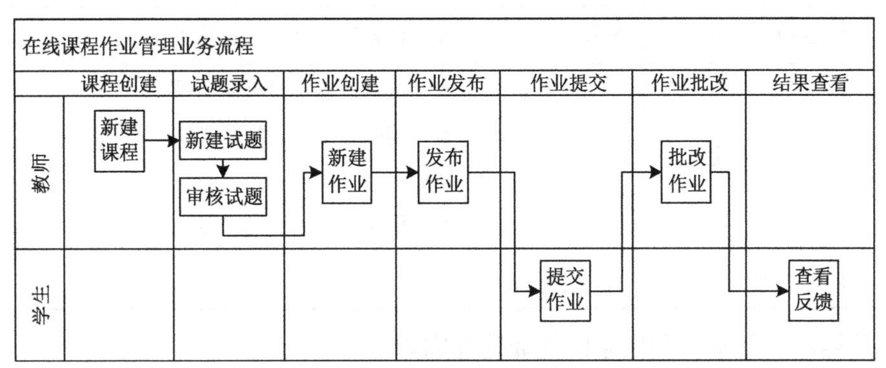

图 3-6　在线课程作业管理系统的主要业务流程

4. 概要需求整理，列出系统的功能需求

功能需求是测试的基础，非功能需求依赖于功能需求。首先列出功能需求，建议以功能模块为单位进行测试项划分，并进行编号，方便追踪。在线课程作业管理系统的功能需求（2 个模块）如表 3-8 所示。

表 3-8　在线课程作业管理系统的功能需求（2 个模块）

测试项	测试子项	角色	测试点
1.课程管理	1.1 新建课程	教师	● 新建课程页面内容呈现 ● 新建课程成功 ● 新建课程失败 ● 信息内容重置
	1.2 修改课程	教师	● 修改课程成功 ● 取消修改班级
	1.3 删除课程	教师	● 删除课程成功 ● 取消删除课程
	……	……	……

续表

测试项	测试子项	角色	测试点
2.课程题库管理	2.1 新建试题	教师	● 新建试题页面内容呈现 ● 新建试题成功 ● 新建试题失败 ● 信息内容重置
	2.2 审核试题	教师	● 试题审核通过 ● 试题审核不通过
	2.3 查看试题	教师	● 试题查看页面内容呈现
	2.4 搜索试题	教师	● 试题搜索页面内容呈现 ● 精确搜索（试题类型、所属课程、录入人、审核状态） ● 模糊搜索（所属课程、录入人）
	……	……	……

5. 概要需求整理，列出系统的非功能需求

对照测试所依据的质量标准，列出关键的非功能需求。非功能需求建议以质量子特性为测试子项进行划分，并给需求编号，方便追踪。

如果项目以 GB/T 25000.51—2016《系统与软件工程 系统与软件质量要求和评价（SQuaRE）第 51 部分：就绪可用软件产品（RUSP）的质量要求和测试细则》中的“产品质量——性能效率”条款对被测软件进行测试，软件的性能效率测试子项可以从性能效率的 4 个质量子特性（时间特性、资源利用性、容量、性能效率的依从性）中得到。在线课程作业管理系统的性能效率测试需求如表 3-9 所示。

表 3-9 在线课程作业管理系统的性能效率测试需求

测试项	测试子项	测试点
3.性能效率	3.1 时间特性	● 能够支持 40 个用户在“新建作业”功能并发，平均响应时间小于等于 5s，错误率小于等于 5% ● 能够支持 40 个用户在“查看反馈”功能并发，平均响应时间小于等于 5s，错误率小于等于 5%，TPS≥10 事务/s
	3.2 资源利用性	● 能够支持 40 个用户在“用户登录”“新建作业”“查看反馈”（功能使用比例为 4:1:5）混合操作，CPU 平均占用率小于等于 75%
	3.3 容量	● 能够管理 400 个作业
	……	……

6. 详细需求整理，进一步细化测试点

根据前面整理的概要需求，项目组可以分工开展更详细的需求整理工作，进一步细化测试点，分析测试项，为编写测试用例做好准备。

3.4 实践任务 3：项目测试需求分析

【实践任务】

① 用测试需求分析的步骤和方法对被测项目开展测试需求分析。

② 将识别出的测试需求整理在 Excel 文档中，或者用禅道/ALM 工具管理测试需求。

【实践指导】

① 如果使用 Office 办公软件描述测试需求，那么可以用 Word 文档或者 Excel 文档。

② 如果使用禅道管理测试需求，那么可以通过产品模块管理需求。

③ 如果使用 ALM 工具管理测试需求，那么可以建立 ALM 测试需求树（见图 3-7）。

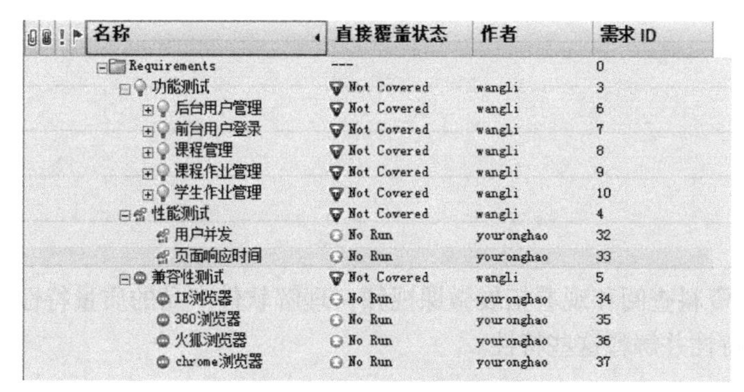

名称	直接覆盖状态	作者	需求 ID
Requirements	---		0
功能测试	Not Covered	wangli	3
后台用户管理	Not Covered	wangli	6
前台用户登录	Not Covered	wangli	7
课程管理	Not Covered	wangli	8
课程作业管理	Not Covered	wangli	9
学生作业管理	Not Covered	wangli	10
性能测试	Not Covered	wangli	4
用户并发	No Run	youronghao	32
页面响应时间	No Run	youronghao	33
兼容性测试	Not Covered	wangli	5
IE浏览器	No Run	youronghao	34
360浏览器	No Run	youronghao	35
火狐浏览器	No Run	youronghao	36
chrome浏览器	No Run	youronghao	37

图 3-7　ALM 测试需求树

本任务主要以 Web 应用软件和移动应用软件为例进行讲解，主要考虑到读者接触这两类软件比较多，以这两类软件为例便于理解，读者不要因此而有所局限。实际工作中可能会遇到各种各样的软件，如单机版的办公软件 WPS、单机版的图形图像软件 Photoshop 等。不同种类的软件有不同的测试重点，对测试人员的知识要求也大不相同。

3.5 工单示例：项目测试需求分析

【任务描述】

用测试需求分析的步骤和方法对选定的被测软件项目开展测试需求分析。将识别出的测试需求整理在 Office Excel 文档中或者用工具管理测试需求。

【知识准备】

[引导]软件需求是测试需求的基础，自主学习软件需求的三个层次，并进行概念解释：

（1）业务需求：

（2）用户需求：

（3）功能需求：

（4）非功能需求：

[引导]自主学习测试需求分析的步骤，并列出主要的步骤以及步骤要完成的内容：

[引导]通过资料查阅和观看拓展微课视频，理解软件产品的质量特性及其意义。列出5-8个产品质量特性并解释这些特性。

拓展微课
软件产品质量
特性简介

【任务准备】

[引导]获取软件基本信息，进行初步分析

来源编号	需求的名称及版本号
软件来源	□企业委托；□顶岗实习项目；□教师科研项目；□课程实践项目 □其他 ______________
软件名称及版本号	
被测软件的客户	
软件的终端用户	
软件的角色列表	
软件所属的类型	□B/S 架构项目；□C/S 架构项目；□PC 单机版软件；□移动应用 APP； □嵌入式软件；□其他 ______________
软件的业务背景 （软件的作用）	
软件的关键业务流程 （逐一列出）	
本次测试的质量特性	□功能性；□性能效率；□兼容性；□易用性； □可靠性；□可移植性；□维护性；□信息安全性 □其他：______________

【任务实施】

[引导]进行原始需求收集

来源编号	原始需求来源	需求的名称及版本号
1		
2		
3		
4		
5		
6		

原始需求的来源可能包括但不局限于：① 用户需求；②开发需求；③ 产品愿景；④ 产品设计说明书；⑤ 同类竞争产品及其说明书；⑥ 旧产品及其说明书；⑦ 相关的协议和规范。

[引导]测试需求简要整理，列出软件功能模块清单

编号	功能模块名称	功能模块简述
1		
2		
3		
4		
5		
6		
7		
8		
9		
10		

[引导]测试需求简要整理，根据质量特性分析测试需求

根据GB/T 25000.10—2016《系统与软件工程系统与软件质量要求和评价（SQuaRE）第10部分：系统与软件质量模型》中的产品质量模型划分的特性和子特性。

质量特性	子特性	有测试需求吗？	如果是，简述测试内容
（1）功能性	功能完备性	□是；□否	——（此项一般选择是）
	功能正确性	□是；□否	——（此项一般选择是）
	功能适合性	□是；□否	——（此项一般选择是）
	功能性的依从性	□是；□否	
（2）性能效率	时间特性	□是；□否	
	资源利用性	□是；□否	
	容量	□是；□否	
	性能效率的依从性	□是；□否	
（3）兼容性	共存性	□是；□否	
	互操作性	□是；□否	
	兼容性的依从性	□是；□否	
（4）易用性	可辨识性	□是；□否	
	易学性	□是；□否	
	易操作性	□是；□否	
	用户差错防御性	□是；□否	
	用户界面舒适性	□是；□否	

续表

质量特性	子特性	有测试需求吗？	如果是，简述测试内容
（4）易用性	易访问性	□是；□否	
	易用性的依从性	□是；□否	
（5）可靠性	成熟性	□是；□否	
	可用性	□是；□否	
	容错性	□是；□否	
	易恢复性	□是；□否	
	可靠性的依从性	□是；□否	
（6）可移植性	适应性	□是；□否	
	易安装性	□是；□否	
	易替换性	□是；□否	
	可移植性的依从性	□是；□否	
（7）可维护性	略	□是；□否	
（8）信息安全性	略	□是；□否	

[引导]测试需求详细整理

包括功能测试需求、性能效率测试需求等，具体根据项目的测试范围。

测试项	测试子项	测试子项编号	优先级	测试点描述（列表形式）

续表

测试项	测试子项	测试子项编号	优先级	测试点描述（列表形式）

续表

测试项	测试子项	测试子项编号	优先级	测试点描述（列表形式）

【任务质量检查】

测试需求分析 任务质量表，每项的满分为 5 分				
编号	检查项	自评	师评	检查记录
1	任务整体完成度			
2	知识准备是否到位			
3	任务记录是否详细且完整			
4	测试需求描述清晰，没有二义性			

续表

测试需求分析 任务质量表，每项的满分为 5 分				
编号	检查项	自评	师评	检查记录
5	测试需求是否明确了被测软件的终端用户和角色			
6	测试需求中是否描述了被测软件的主要业务流程			
7	测试需求是否覆盖了被测软件相关测试点			
总分（按照百分制）				综合评价结果： □优；□良；□中；□及格；□不及格
问题与建议： 指导老师签字：　　　　日期：				

理论考核

学号：_______ 姓名：_______ 得分：_______ 批阅人：_______ 日期：_______

一、单项选择题（本大题共 7 小题，每小题 5 分，共 35 分。每小题只有一个选项符合题目要求）

1．软件测试的对象包括（　　）。

A．目标程序和相关文档　　B．源程序、目标程序、数据及相关文档

C．目标程序、操作系统和平台软件　　D．源程序和目标程序

2．下列叙述中，（　　）是正确的。

A．白盒测试又被称为逻辑驱动测试

B．穷举路径测试可以检查出程序中因遗漏路径而产生的错误

C．一般而言，黑盒测试对结构的覆盖率比白盒测试高

D．必须根据《软件需求规格说明书》生成用于白盒测试的测试用例

3．一个软件系统的生命周期包含可行性分析和项目开发计划、需求分析、设计（概要设计和详细设计）、编码、测试和维护等活动，其中（　　）是软件工程的技术核心，其任务是确定如何实现软件系统。

A．可行性分析和项目开发计划　　B．需求分析

C．设计　　D．编码

4．软件需求通常分为 3 个层次，即业务需求、用户需求和（　　）。

A．硬件需求　　B．软件需求　　C．质量属性　　D．功能需求

5．为了提高测试的效率，应该（　　）。

A．随机地选取测试数据

B．取一切可能的输入数据作为测试数据

C．在完成编码以后制订软件的测试计划

D．选择发现错误可能性大的数据作为测试数据

6．不属于界面元素测试的是（　　）。

A．窗口测试　　B．文字测试　　C．功能点测试　　D．鼠标测试

7．软件文档按照其产生和使用的范围可分为开发文档、管理文档和用户文档。其中开发文档不包括（　　）。

A．《软件需求规格说明书》　　B．《可行性研究报告》

C．《维护修改建议》　　D．《项目开发计划》

二、填空题（本大题共 5 空，每空 5 分，共 25 分）

8．测试需求分析的步骤：__________、__________、需求项分析、建立测试需求跟踪矩阵。

9．软件需求通常分为 3 个层次，即__________、__________和__________。

三、判断题（本大题共 8 小题，每小题 5 分，共 40 分）

10．软件需求描述的是“如何做”，而不是“做什么”。　　（　　）

11．采用瀑布模型进行系统开发的过程中，每个阶段都会产生不同的文档。需求说明在详细设计阶段产生。（　）

12．测试需求的来源只能是《软件需求规格说明书》。（　）

13．所有的软件测试都可追溯到用户需求。（　）

14．项目需求分析和设计阶段都需要测试人员参与。（　）

15．组件测试用例通常从组件规格说明、设计规格说明或者数据模型中生成；而系统测试用例通常从需求规格说明或者用例中生成。（　）

16．静态测试允许在早期对用户需求进行确认。（　）

17．用户需求频繁变化，不会影响测试质量。（　）

任务 4 制订软件测试计划

测试计划是测试成功的重要保障，本任务主要讲述什么是测试计划、如何组织及制订测试计划、测试计划的主要内容及制订测试计划的典型模板。

学习目标

- 了解测试计划的重要性。
- 掌握测试计划的主要内容。
- 了解组织及制订测试计划的方法。
- 了解测试计划的评审、执行和监控。
- 能够根据理论开展项目测试计划的制订。

素养小贴士

做好时间管理

“按时、保质地完成项目”是每一位项目经理都希望能实现的。时间管理是项目管理的重要内容之一，时间管理强调充分、有效地利用时间。时间观念是一个意识上的问题，是工作责任心的一个方面，项目经理会借用各种方法来强化项目团队成员的时间观念和第一时间完成任务的意识，从而达到“按时、保质地完成项目”。

项目管理中的时间管理很重要，个人的时间管理也很重要。时间对每个人来说都是公平的，我们应该学会时间管理，充分利用生活中的琐碎时间不断进行学习，从而提升自己的能力。

4.1 什么是测试计划

一般情况下，测试计划也被称为测试方案，也有些企业将测试方案和测试计划区分开，测试方案主要描述测试范围和测试策略，测试计划主要描述任务安排和时间进度。本书不区分测试计划和测试方案，因此，测试计划（测试方案）应该既包括测试范围和测试策略，也包括任务安排和时间进度。

微课 4-1
制订测试计划的意义

《ANSI/IEEE 软件测试文档标准 829-1983》将测试计划定义为：“一个叙述了预定的测试活动的范围、途径、资源及进度安排的文档。它确认了测试项、被测特征、测试任务、人员安排，以及任何偶发事件的风险。”

软件测试是有计划、有组织和系统的软件质量保证活动，而不是随意的、松散的、杂乱的实施过程。为了规范软件测试的内容、方法和过程，在对软件进行测试之前，必须制订测试计划。制订测试计划的作用如下。

- 管理者能够根据测试计划做宏观调控，进行相应的资源配置等。
- 测试负责人可以根据测试计划跟踪测试进度。
- 测试人员能够了解整个项目的测试情况，以及项目测试不同阶段所要进行的工作。
- 便于其他人员了解测试人员的工作内容，进行相关配合工作。

（1）什么时候制订测试计划

测试计划是在测试需求整理完成后，测试人员根据测试需求的分析结果和开发计划一起制订的一份计划书。它从属于项目计划，是其中的一个子计划。当然，在实际中，有时是在软件编码完毕后才开始制订测试计划。无论何种情况，制订测试计划的前提是已经对测试需求进行了分析。

（2）如何组织及制订测试计划

测试计划的制订是一个从粗略到详细的过程。测试计划不是“编”出来的，是在充分了解测试需求的情况下，结合测试的原理和经验得出的。项目规模不同，项目测试计划的制订过程也不同。

如果项目规模比较小，则测试计划直接由一个经验丰富的测试人员负责即可；如果项目规模比较大，参加的测试人员比较多，则测试需求分析和测试计划制订先分模块展开，各个测试人员先完成自己负责部分的测试需求分析和测试计划制订，最后由测试负责人牵头组织相关人员一起完成整个项目的测试计划制订。

- 先分：分模块开展测试需求分析、测试重点和难点识别、测试任务划分和时间估算。
- 再合：整个项目的测试需求合并、测试重点和难点识别、测试任务划分和时间估算、测试人员协调、测试管理等。
- 再分：分开执行，各自准备测试数据、测试用例、特殊测试环境和设备、测试报告。

（3）谁来负责制订测试计划

测试计划一般由项目测试负责人（测试组长或具有丰富经验的测试人员）来进行组织和制订。在中小型项目中，测试负责人可以直接承担测试计划的制订工作；在大型项目中，测试计划由测试负责人和子模块的测试负责人共同制订，由测试人员来实施。

（4）测试计划有哪些可用的输入

测试计划工作的输出是测试计划，测试计划的输入和依据如下。

- 软件测试任务书（或合同）。
- 被测软件的《需求规格说明书》。
- 测试需求。
- 类似软件或同一软件历史版本的测试计划。
- 以往的测试经验、测试数据。

4.2 测试计划的主要内容

微课 4-2 测试计划的主要内容

依据不同标准和由不同团队制订的测试计划内容不尽相同，例如，根据《软件和系统测试文档标准》(IEEE 829—2008)，测试计划的主要内容如图 4-1 所示。企业在实际开展工作时会根据自己的业务需要定义符合产品和团队需求的内容，图 4-2 所示为某企业的测试计划主要内容。

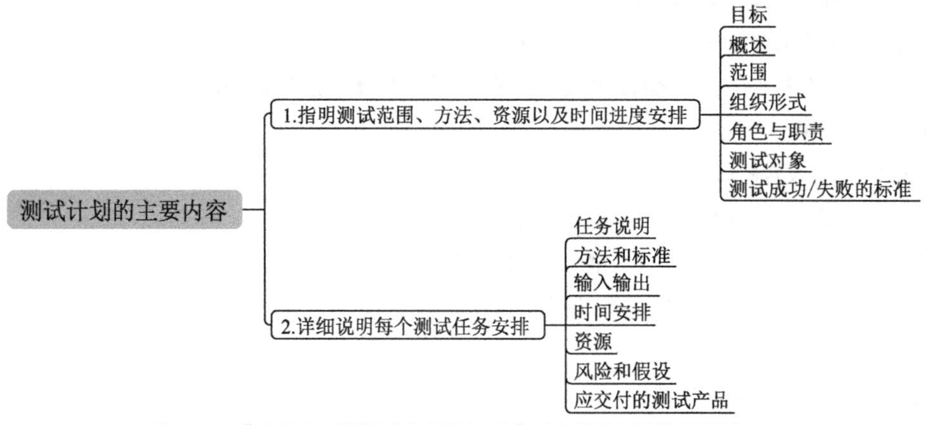

图 4-1 《软件和系统测试文档标准》中测试计划的主要内容

虽然不同团队的测试计划内容不尽相同，但是整体上都是从技术和管理两个方面对测试的开展进行计划的。

- 技术方面主要是明确开展什么样的测试、使用什么样的测试策略和方法、使用什么样的测试工具等内容。
- 管理方面主要是明确如何组织测试工作、需要哪些人力和非人力资源、任务如何划分、进度如何判断、如何定义启动和结束的条件等内容。

测试计划主要内容
- 基本说明
- 测试范围及策略
- 测试环境和工具
- 测试出入口以及暂停标准
- 测试人员要求
- 测试管理约定
- 任务划分以及进度计划
- 风险和应急分析

图 4-2 某企业的测试计划主要内容

常见的测试计划主要内容见表 4-1。

表 4-1 常见的测试计划主要内容

常见的测试计划主要内容
1. 基本说明
● 说明被测对象基本信息（产品名、版本号、终端用户等）
● 被测对象以及测试中用到的术语与缩略语
● 制订测试计划的参考资料
2. 测试范围及策略
● 功能测试需求以及测试方法和途径
● 非功能测试需求以及测试方法和途径

续表

常见的测试计划主要内容
● 测试优先级和重点
● 实施的测试阶段
3．测试环境和工具
● 软件实际环境
● 软件测试环境以及与实际环境的差异分析
● 测试中的非人力资源需求：计算机、工具等
● 自动化测试分析（用自动化测试解决什么问题、成本估算、提高多少效率）
● 测试数据来源
4．测试出入口以及暂停标准
● 测试开始标准（入口准则）：测试启动的条件
● 测试暂停标准：测试受阻，无法继续开展的条件
● 测试完成标准（出口准则）：测试结束的条件
5．测试人员要求
● 对测试人员的技能和经验要求
● 人力资源数量以及介入时间
● 测试人员需要的支持和培训
6．测试管理约定
● 测试团队内外部角色和职责
● 工作汇报关系以及要求：如何汇报、多久汇报一次、汇报给谁
● 缺陷管理：缺陷录入标准、录入哪里
● 测试执行管理：如何监控测试进度、测试期间遇到问题如何解决
● 测试用例管理：测试用例的编写标准、相关的编写模板、编写的测试用例提交到哪里
● 变更管理：如果测试需求或测试计划发生改变，那么如何处理、谁负责审批、如何公布变化情况
7．任务划分以及进度计划
● 里程碑：关键的里程碑时间点
● 任务分解及时间、人员安排（可以借用 Office Project 等工具）
8．风险和应急分析
● 预测测试中可能遇到的风险
● 对风险进行分析，给出对各种风险的规避和应急措施

测试计划中的“任务划分以及进度计划”部分需要给出具体的任务分工，通常，测试人员在进行测试管理时会使用工具（可能是项目管理系统，可能是 Excel，也可能是任务分解工具）进行任务管理，可以将任务分解结果直接用表格表示，也可以直接引用相应的网络地址。如果在任务分解中使用了 Office Project，则可以直接将 WBS（Work Breakdown Structure，工作分解结构）图引入。图 4-3 所示为某测试项目的 WBS 图。

任务名称	工期	开始时间	完成时间	资源名称
测试需求分析和测试准备	**2 个工作日**	**2011年11月21日**	**2011年11月22日**	
学习测试需求并记录需求问题	1 个工作日	2011年11月21日	2011年11月21日	林**,吴**,张**,钟**
分析测试需求，讨论需求的测试要点	1 个工作日	2011年11月22日	2011年11月22日	林**,吴**,张**,钟**
讨论模块分工	1 个工作日	2011年11月22日	2011年11月22日	林**,吴**,张**,钟**
准备测试环境	1 个工作日	2011年11月22日	2011年11月22日	钟**
确定测试计划	**3 个工作日**	**2011年11月23日**	**2011年11月25日**	
编写测试计划	2 个工作日	2011年11月23日	2011年11月24日	林**
评审测试计划	1 个工作日	2011年11月25日	2011年11月25日	林**
编写测试用例,准备测试数据	**4 个工作日**	**2011年11月23日**	**2011年11月28日**	
第一轮功能测试	**4 个工作日**	**2011年11月29日**	**2011年12月2日**	
兼容性测试和综合测试	**2 个工作日**	**2011年12月5日**	**2011年12月6日**	
交叉测试和回归测试	**2 个工作日**	**2011年12月7日**	**2011年12月8日**	
回归测试已解决的缺陷(按分工模块)	1 个工作日	2011年12月7日	2011年12月7日	林**,吴**,张**,钟**
自由交叉测试	1 个工作日	2011年12月8日	2011年12月8日	林**,吴**,张**,钟**
测试总结	**1 个工作日**	**2011年12月9日**	**2011年12月9日**	
完成测试总结报告	1 个工作日	2011年12月9日	2011年12月9日	林**
经验总结，文档备案	1 个工作日	2011年12月9日	2011年12月9日	林**,吴**,张**,钟**

图 4-3　某测试项目的 WBS 图

WBS 图清晰地描述了测试的任务以及相应的子任务、各个任务的开始时间和完成时间、各个任务的负责人和参与人等信息。不管用何种方式描述任务划分和进度计划，只要描述清楚相应的要素即可。

4.3　测试计划的典型模板

不同软件类型、不同团队使用的测试计划模板不尽相同，但是主要内容大同小异。附录 1 为某企业测试团队的测试计划模板，读者可以参考，另外也可以参考 GB/T 8567—2006 的测试计划模板。

4.4　组织及制订测试计划

4.4.1　主要任务

微课 4-3
组织及制订测试计划

测试计划的制订要尽早开始，描述要简洁、易懂。根据测试计划的主要内容可知制订测试计划的主要任务如下。

（1）明确测试范围

有些团队的测试流程中有测试需求分析阶段，这种情况下，明确测试范围的任务是在测试需求分析阶段进行的；有些团队没有测试需求分析阶段，此时，这个任务就要放在测试计划制订阶段进行。无论测试流程如何定义，在制订测试计划时，测试需求一定是已经明确了的，切忌脱离测试需求制订测试计划。

（2）分析测试类型、明确测试阶段和测试方法

分析需求的测试类型，划分测试阶段，并给出需求的测试方法。

（3）划分测试任务

- 要根据本次测试的测试需求划分测试任务，切忌脱离测试需求或者在不了解需求的情况下制订测试计划。
- 要明确各测试任务的优先级，说明子任务和主要任务的关联关系。
- 除了确定测试的主要任务外，还要确定辅助任务清单（如培训等）。
- 形成 WBS 图。
- 进行测试任务的分配。测试任务的分配有两种方式：按照功能模块分配和按照测试类型分配。按照功能模块分配是将同一个模块的功能测试、用户界面测试、相关的性能测试、兼容性测试等都让同一个测试人员负责；按照测试类型分配是将软件所有性能测试

分给一个软件人员，将兼容性测试分给另一个软件人员。前一种方式可以避免让一个测试人员熟悉多个功能模块，但是对测试人员的技能要求比较高；后一种方式下，测试人员需要熟悉软件的多个功能模块。

（4）评估测试工作量

需要评估每个测试任务的测试工作量。目前没有任何一种方法能非常准确地评估出软件测试工作的工作量，要想更有效地做出评估，可以依靠经验和历史数据。主要的评估方法如下。

- 项目类比：分析以前的同类项目，参考其实际工作量。
- 同行专家判断：由测试专家组根据经验共同评估，这是一种经验主义的评估方法。
- 分解细化任务：任务分解得越细致，评估工作量也越准确，但是分解得越细致，时间成本也越高。实际项目执行时，要在任务分解程度与时间成本之间取得一个平衡。
- 根据项目的代码行数（Lines of Code，LOC）、功能点（Function Point，FP）等进行测试工作量评估。

（5）确定时间并生成进度计划

- 收集与进度相关的信息，如总体工作量的估算结果、人员数量、关键资源、项目整体时间安排等。
- 确定关键里程碑时间点，如测试计划完成时间、测试用例编写完成时间、测试执行完成时间、测试总结完成时间。
- 确定各阶段任务的时间安排和人力资源分配。
- 依据项目的总体时间安排，形成测试的进度计划。

（6）确定测试过程监控方法

需要明确例会安排与工作汇报周期，里程碑检查以及总结如何开展，出现哪些情况需要进行测试计划的变更。

（7）分析测试风险

识别测试中可能出现的风险，分析规避和应对的措施。

4.4.2 一个有用的辅助方法：5W1H 分析法

1932 年，美国政治学家拉斯维尔提出“5W 分析法”，后经过人们的不断运用和总结，逐步形成了一套成熟的“5W+1H”模式，即 5W1H 分析法。5W1H 分析法就是对工作进行科学的分析，就其工作内容（What）、责任者（Who）、工作岗位（Where）、工作时间（When）、怎样操作（How）以及为何这样做（Why）进行书面描述，并按此描述进行操作，达到完成任务的目标。海森堡说：“提出正确的问题，往往等于解决了问题的大半部分。”在制订测试计划时，也可以多问几个问题，借助 5W1H 分析法辅助制订测试计划。

- What（做什么）：测试范围和内容。
- Why（为什么做）：测试目的。
- When（何时做）：测试时间。
- Where（在哪里）：测试地点、文档和软件位置。
- Who（谁做）：测试人力资源。

- How（怎么做）：测试方法和工具。

一般情况下，在测试需求分析阶段确定 What 和 Why，在测试计划阶段确定 When、Where、Who、How。图 4-4 所示为使用 5W1H 分析法辅助制订测试计划过程中的常见问题。

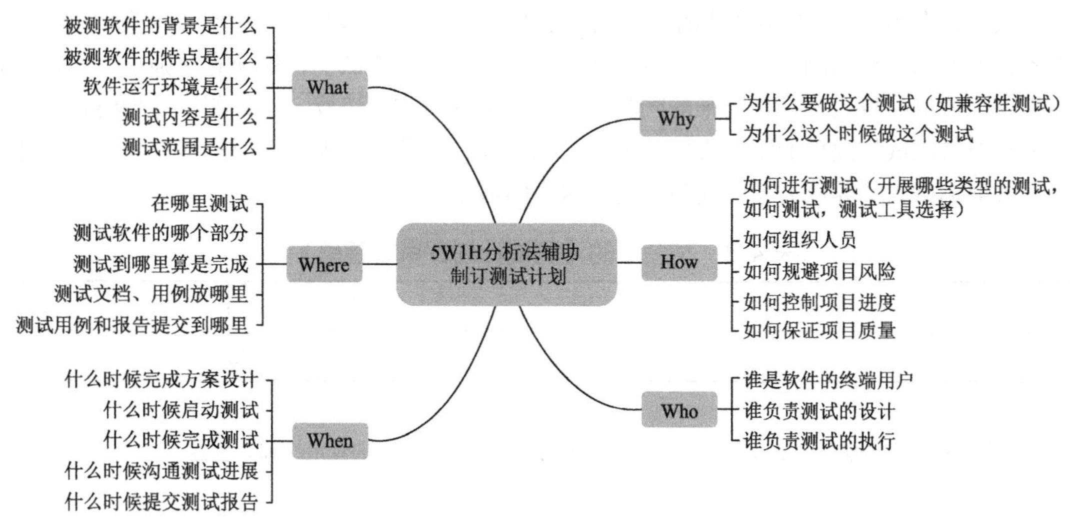

图 4-4 使用 5W1H 分析法辅助制订测试计划过程中的常见问题

4.4.3 测试计划制订注意事项

在制订测试计划时要注意以下事项，以便测试计划在测试开展时能够发挥指导作用。

① 结合实际，根据项目特点、公司实际情况制订测试计划，使计划确实能指导测试活动的开展。

测试计划不一定要尽善尽美，但一定要切合实际，要根据项目特点、公司实际情况来制订，不能脱离实际情况。

② 根据实际情况的变化不断调整测试计划，满足实际测试要求。

测试计划一旦制订下来，并不是一成不变的，世界的万事万物时时刻刻都在变化，软件需求、软件开发人员等都在时刻发生着变化，测试计划也要根据实际情况的变化而不断进行调整，以满足实际测试要求。

③ 从宏观上反映测试的整体安排，避免过于详细。

测试计划要能从宏观上反映项目的测试任务、测试阶段、资源需求等内容，避免过于烦琐。

4.5 测试计划评审

微课 4-4
测试计划的评审和执行

测试计划作为测试活动的规划文档，对测试工作的开展有重要指导意义。测试计划制订完成后，评审人员一般要对测试计划的正确性、全面性及可行性等进行评审。评审人员包括软件开发人员、项目经理、测试人员、测试负责人及其他有关项目负责人。

评审时可以参考《测试计划评审检查单》。该检查单可以辅助开展测试计划的评审活动，同时可以为测试计划制订者提供自检指导。

《测试计划评审检查单》与测试团队和被测软件有很大关系，不同的企业会根据自己的实际情况制订不同的检查单，并在实践过程中不断完善检查单。检查单列出的是测试团队所关注的测试计划要点以及在制订测试计划时容易遗漏的内容。

比如，表4-2所示为某企业的《测试计划评审检查单》。该检查单中有一检查项为"是否覆盖了产品化相关测试（主要指帮助文档、多语言版本测试）"，此项有很强的针对性，由于该企业的项目大多是在原来的产品上进行功能的增加或修改，制订测试计划时往往会遗漏对新增加或修改后的帮助文档的测试，因此在检查单中添加了专门的检查项来避免遗漏，督促测试人员养成去考虑这部分测试内容的习惯。

表4-2 某企业的《测试计划评审检查单》

项目名称		作者	
检查者		检查日期	

说明：

（1）本检查单用于辅助测试计划的制订，指导项目组提升测试计划的规范性和完整性。

（2）检查结论包括3种。

是：满足检查项要求（Yes）。

否：不满足检查项要求（No）。

免：该检查项对本项目不适用（NA）。

（3）如果结论为否或免，则需按照下表填写说明。

序号	检查项	结论	说明
1	测试目的是否明确		
2	测试需求（范围）是否清晰、明确（包括要测试什么、不测试什么）		
3	测试需求是否覆盖了软件需求相关测试点		
4	采用的测试类型是否合理（主要依据测试需求分析得到，主要检查是否合理、有无遗漏）		
5	测试所需的测试环境是否明确（包括软件、硬件及网络环境）		
6	是否已明确定义测试的入口和出口准则，以及准则是否合理		
7	测试的时间进度和人员安排是否明确、合理（与项目或合同整体进度一致，不同阶段的时间分配合理）		
8	组织管理是否明确合理（主要包括角色和职责定义、汇报关系、缺陷管理）		
9	是否覆盖了产品化相关测试（主要指帮助文档、多语言版本测试）		
10	是否已识别测试可能遇到的关键风险，并制订可行的规避或减轻措施		
11	文字描述是否清晰简洁、文档格式是否正确、术语使用是否规范		

4.6 测试计划的执行和监控

测试计划完成后要监控测试过程中测试计划的执行情况。在制订测试计划的同时，应该制订一个计划跟踪表或者进度表，在测试计划执行过程中定期查看执行情况是否符合预期。如果不符合预期，则分析其可能的原因：是不是工作量分配的问题，测试人员因私人事情有所耽误，测试人员本身的工作能力问题，测试人员的工作态度问题等。分析出原因后要根据实际情况进行调整或补救。例如，对于测试人员本身的工作能力问题，可以通过培训进行提升；如果是工作量分配不合理，则可以对工作量重新评估并分配。

4.7 实践任务 4：制订项目测试计划

【实践任务】

① 根据项目实际情况（时间、人员等）制订测试计划。

② 将测试计划文档以“第×组-项目名称-测试计划”的形式命名并提交。

【实践指导】

① 可以参考软件测试计划模板。

② 制订项目测试计划要根据项目人员、投入时间等实际情况进行。

4.8 工单示例：制订项目测试计划

【任务描述】

根据项目测试需求分析结果、项目的人员和时间等实际情况，确定测试方案，制订测试计划。

【知识准备】

[引导]通过网络和教材自主学习测试计划的主要内容，并列出测试计划一般包含哪些内容：

____

____

____

____

____

____

____

____

____

____

____

____

【任务准备】

[引导]项目测试计划的输入文档（参考资料）有：

编号	资料名称	版本	归属单位或来源
1			
2			
3			
4			
5			

[引导]被测软件以及测试中用到的术语与缩略语：

编号	术语或缩略语	解释
1		
2		
3		

[引导]本次测试要提交的文档清单：

□测试计划：____

□测试用例：____

□缺陷列表：____

□测试报告：____

□其他：____

【任务实施】

[引导]确定项目的测试范围

（1）本次测试的目的是对被测软件进行全面的质量评估，本次测试需进行的测试内容包含：□功能性；□性能效率；□兼容性；□易用性；□可靠性；□可移植性；□维护性；□信息安全性；□其他：________________

（2）本次测试涉及的功能模块有____个，具体包括：

____

____

[引导]确定项目的测试目标（目的）

本次测试目的是验证（被测软件）____________________________的实现与（需

求文档）______________________________是否一致，在（要测试的质量特性）______________________________方面是否符合“GB/T 25000.51—2016:《系统与软件工程 系统与软件质量要求和评价（SQuaRE） 第 51 部分：就绪可用软件产品（RUSP）的质量要求和测试细则》”中的软件质量要求。

编号	功能模块名称	功能模块简述
1		
2		
3		
4		
5		
6		
7		
8		
9		
10		

[引导]确定测试资源（硬件环境、软件环境、测试场所、测试人员和分工）

（1）本次测试的硬件环境

序号	硬件或固件项名称	配置
1		
2		
3		
4		

（2）本次测试的软件环境（包括操作系统、测试工具等）

序号	软件名称	用途说明
1		
2		
3		
4		
5		

（3）测试的场所:

（4）测试人员及分工

序号	角色	人员	职责
1	项目经理（组长）		
2	测试人员		
3			
4			
5			
6			

项目组成员沟通的方式:

[引导]测试开始标准（入场条件）

条件	完成标准
测试文档准备	
测试环境	
人员	

[引导]测试完成标准

[引导]测试通过标准

____

____

____

[引导]测试任务和进度

序号	任务	内容	人员	起止时间
1				
2				
3				
4				
5				
6				
7				

[引导]识别风险和约束

测试工作可能存在以下风险，可能延缓或阻碍测试计划的如期实施，导致工作进度和测试结果受到影响。为保证测试工作顺利完成，应采取相应措施避免或消除这些风险。测试过程的风险分析及应对措施如下表所示。

测试风险分析

编号	风险类型	风险	可能性	影响	应对措施
1					
2					
3					
4					
5					

【任务质量检查】

制订项目测试计划 任务质量表，每项的满分为 5 分				
编号	检查项	自评	师评	检查记录
1	任务整体完成度			
2	知识准备是否到位（理论考核）			
3	任务记录是否详细且完整			

续表

制订项目测试计划 任务质量表，每项的满分为 5 分				
编号	检查项	自评	师评	检查记录
4	测试目的是否明确			
5	测试需求（范围）是否清晰明确（要测试什么，不测试什么）			
6	测试所需的测试环境是否明确（包括软件、硬件环境）			
7	是否已明确定义测试的入口和出口准则，准则是否合理			
8	测试的时间进度和人员安排是否明确、合理			
9	组织管理是否明确合理（主要包括角色和职责定义）			
10	是否已识别测试可能遇到的关键风险并制定了可行的规避或减轻措施			
11	文字描述是否清晰简洁、文档格式是否正确、术语使用是否规范			
总分（按照百分制）				综合评价结果： □优；□良；□中；□及格；□不及格
问题与建议： 指导老师签字：　　　　日期：				

理论考核

学号：_______ 姓名：_______ 得分：_______ 批阅人：_______ 日期：_______

一、单项选择题（本大题共6小题，每小题10分，共60分。每小题只有一个选项符合题目要求）

1．根据软件测试管理的规范要求，在以下活动中，（　　）不属于测试计划活动。

A．定义测试级别　　B．确定测试环境

C．设计测试用例　　D．估算测试成本

2．为了表示管理工作中各项任务之间的进度衔接关系，常用的计划管理图是（　　）。

A．程序结构图　　B．数据流图

C．E-R图　　D．甘特（Gantt）图

3．（　　）强调了测试计划等工作的先行和对系统需求、系统设计的测试。

A．V模型　　B．W模型　　C．渐进模型　　D．螺旋模型

4．测试计划主要由哪个角色负责制订（　　）。

A．测试人员　　B．项目经理　　C．开发人员　　D．测试经理

5．以下哪些是测试计划的主要内容？（　　）

①基本说明②测试范围及策略③测试环境和工具④测试的出入口、暂停标准⑤测试人员要求⑥测试管理约定⑦任务划分以及进度计划⑧风险和应急分析

A．①②③④⑤⑥⑦⑧　　B．①②③⑥⑦

C．②③④⑤⑥⑦⑧　　D．①②③④⑥⑦⑧

6．软件测试计划评审会需要哪些人员参加？（　　）

①项目经理 ②SQA负责人 ③配置负责人 ④测试组

A．①②③　　B．①④

C．②③④　　D．①②③④

二、判断题（本大题共4小题，每小题10分，共40分）

7．集成测试计划在需求分析阶段末提交。（　　）

8．软件测试计划一旦完成，必须严格执行，不可以更改。（　　）

9．测试计划应该包括测试通过的准则，该准则用于判定测试结果是否通过，即软件与产品说明和用户文档集的符合性。（　　）

10．测试计划要能从宏观上反映项目的测试任务、测试阶段、资源需求等内容。（　　）

任务 5 设计并编写测试用例

测试用例是软件测试的核心，本任务主要讲述什么是测试用例、测试用例的关键属性、如何设计及编写测试用例、如何管理测试用例。

学习目标

- 理解测试用例的概念。
- 掌握测试用例的属性和设计方法。
- 了解测试用例的评审和管理要点。
- 能够根据理论设计、编写并管理项目的测试用例。

素养小贴士

注重细节，严谨负责

软件测试中，测试用例从测试角度对被测对象的功能和各种特性的细节展开，是可执行的最小实体。通过测试用例将宏观抽象的软件测试活动进一步转化为可实施、可管理的行为。

对规模庞大的项目来说，测试用例设计和编写内容烦琐，数量也比较多。但是关注细节是一种精神，“差之厘毫，谬以千里”，就是在讲细节对成败的关键作用，日常工作中，将工作做到细微处，才能产生实效。

5.1 测试用例的概念和设计方法

5.1.1 测试用例的概念

微课 5-1
测试用例概念和设计方法

测试用例（Test Case）是为某个特殊目标而编写的一组包含输入、执行条件及预期结果（输出）的测试实例，以便测试某个程序是否满足某个特定需求。其本质是从测试的角度对被测对象各种特性的细节展开。通俗地讲，测试用例就是把测试的操作步骤和要求按照一定的格式用文字描述出来。测试用例的 3 个主要内容如下。

- 输入：包括输入数据以及操作步骤。输入数据尽量模拟用户输入的数据，操作步骤要清晰简洁。
- 执行条件：指测试用例执行的特定环境和前提条件。
- 预期结果（输出）：在指定的输入和执行条件下的预期结果。这里要特别注意，预期结果不能只从程序的可见行为去考虑，比如，在在线课程作业管理系统中单击“提交作业”，系统会提示“作业提交成功!”，这只是预期结果之一，它是一个显示的结果。提交是否成功还需要查看相应的数据记录是否更新，数据记录更新是一个隐式的预期结果。在这样的一个用例中，应该包含对隐式预期结果的验证手段：在数据库中执行查询语句进行查询，看查询结果是否与预期一致。

5.1.2 测试用例的重要性

测试用例把测试活动进一步转化为一个可实施和管理的行为，可以跟踪测试的需求，避免测试遗漏，也可以提升测试的复用率。测试用例对于测试活动至关重要。

软件测试要考虑如何以最少的人力、资源投入，在最短的时间内完成测试，发现软件的缺陷，保证软件的高质量。影响软件测试的因素很多，例如软件本身的复杂程度、软件工程师（包括分析、设计、编程和测试人员）的素质、测试方法和技术的运用等。有些因素是客观存在的，无法避免，如软件本身的复杂度；有些因素则是波动的、不稳定的，例如，软件开发队伍是流动的，有经验的人走了，新人不断补充进来。这种情形下，测试用例便是保障软件测试质量稳定性的一个重要手段。有了测试用例，无论是谁来进行测试，参照测试用例实施，都能保障测试的质量，这样就可以把不稳定因素的影响降低到最小。即便最初的测试用例考虑不周全，随着测试的进行和软件版本更新，测试用例也将日趋完善。

因此，测试用例的设计、编写和管理是软件测试活动的重要组成部分，是软件测试质量及其稳定性的重要保障。

测试用例是对需求进行充分分析后设计出来的，测试用例的重用对提高测试质量和测试效率而言很重要，测试用例的重用是指一次设计多次执行。测试用例的重用可能发生在以下几种情况中。

（1）人员变更

当发生人员变更时，新人可以直接使用已经设计好的测试用例，不必重新设计。

（2）集成测试重用模块测试阶段的测试用例

在集成测试时，除了执行针对系统集成设计的测试用例外，还可以重用模块测试阶段的测试用例，验证系统集成后模块功能是否正常。

（3）回归测试重用系统测试期间的测试用例

系统测试期间往往要进行多次回归测试，每次回归测试都可以重用系统测试期间的测试用例。

（4）缺陷回归测试

为缺陷写一个测试用例，当缺陷得到解决或需要进行回归测试时，可以直接调用相应的测试用例。

（5）重用同类型项目的测试用例

软件有不同的类型，按业务类型划分有企业资源计划（Enterprise Resource Planning，ERP）软件、办公自动化（Office Automation，OA）软件、通信软件、地理信息系统软件等；按软件架构来划分有B/S架构的软件、C/S架构的软件、单机版软件、嵌入式软件等。

大部分软件公司的项目可以分为固定的几大类，甚至是同一类或者同一个产品。对于同类软件的测试用例，相互之间有很大的借鉴意义。如果公司中有同类型的软件，则可以把相关的测试用例拿来参考。如果软件非常相似，有时对测试用例进行简单修改后就可以将其应用到当前被测试的软件。“拿来主义”可以极大地拓展测试用例设计思路，也可以节省大量的测试用例设计时间。

5.1.3 测试用例设计方法

关于测试用例的设计方法，可以参考软件测试基础课程中对测试用例设计方法的讲解，这里只做简单的回顾（见图 5-1）。总的来说，测试用例设计方法有黑盒测试法和白盒测试法两大类，每类又有不同的测试用例设计方法。

黑盒测试被称为功能测试或数据驱动测试。在测试时，其把被测程序视为一个不能打开的黑盒子，在完全不考虑程序内部结构和内部特性的情况下进行测试。其对应的测试用例设计方法包括等价类划分法、边界值分析法、因果图法、判定表（决策表）法、错误推测法等。

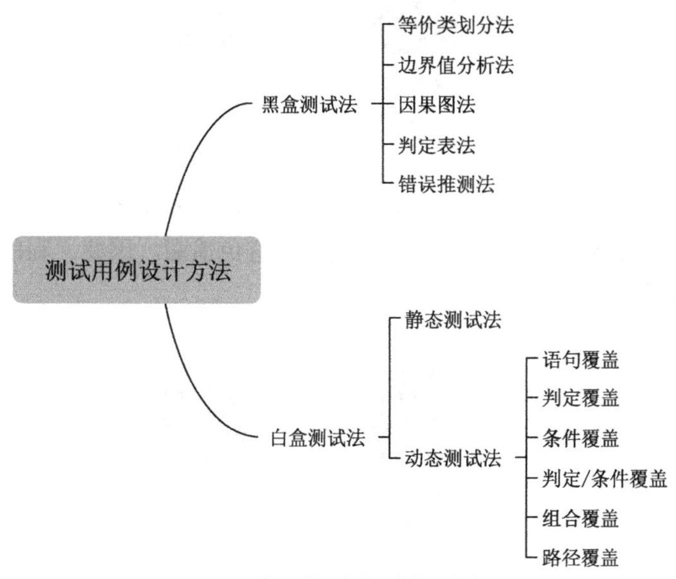

图 5-1 常用的测试用例设计方法

- 等价类划分法：把所有可能的输入数据，即程序的输入域，划分为若干部分（子集），然后从每一个子集中选取少数具有代表性的数据作为测试用例。

- 边界值分析法：对输入或输出的边界值进行测试的一种黑盒测试方法。通常，边界值分析法可作为对等价类划分法的补充，这种情况下，其测试用例来自等价类的边界。

微课 5-5
边界值分析法-概念和角度

微课 5-6
边界值分析法-示例

● 因果图法：一种利用图解法分析输入的各种组合情况，从而设计测试用例的方法。它适合用于检查程序输入条件的各种组合情况。

微课 5-7
因果图法-概念和符号

微课 5-8
因果图法-应用步骤和示例

● 判定表法：适用于分析和表达多逻辑条件下执行不同操作的情况，它能够将复杂的问题按照各种可能的情况全部列举出来，简明且避免遗漏。因此，利用判定表法能够设计出完整的测试用例集合。

微课 5-9
决策表-概念和步骤

微课 5-10
决策表-示例

● 错误推测法：基于经验和直觉推测程序中所有可能存在的错误，从而针对性地设计测试用例的方法。

微课 5-11
错误推测法

白盒测试也称结构测试或逻辑驱动测试，是针对被测单元内部如何进行工作的测试。它根据程序的控制结构设计测试用例，主要用于软件或程序验证。白盒测试又有静态测试和动态测试之分。

静态测试主要是指代码走查和分析。静态测试是指不运行被测程序本身，仅通过分析或检查项目的需求文档、设计文档、源程序的语法、结构、过程、接口等来检查程序的正确性。其对《需求规格说明书》、《软件设计说明书》、源程序进行结构分析、流程图分析，以发现错误。静态测试通过对程序静态特性进行分析，找出欠缺和可疑之处，例如不匹配的参数、不适当的循环嵌套和分支嵌套、不允许的递归、未使用过的变量、空指针的引用和可疑的计算等。

动态测试主要是对代码的运行进行测试，包含多种覆盖方法。

- 语句覆盖：要求设计足够多的测试用例，使得程序中的每条语句至少被执行一次。
- 判定覆盖（分支覆盖）：要求设计足够多的测试用例，使得程序中的每个判定至少有一次为真值，有一次为假值，即程序中的每个分支至少被执行一次。取假至少被执行一次。

微课 5-12
语句覆盖和判定覆盖

- 条件覆盖：要求设计足够多的测试用例，使得判定中的每个条件获得各种可能的结果，即每个条件至少有一次为真值，有一次为假值。
- 判定/条件覆盖：要求设计足够多的测试用例，使得判定中每个条件的所有可能结果至少出现一次，每个判定本身的所有可能结果也至少出现一次。

微课 5-13
条件覆盖和判定/条件覆盖

- 组合覆盖：要求设计足够多的测试用例，使得每个判定中条件结果的所有可能组合至少出现一次。
- 路径覆盖：要求设计足够多的测试用例，覆盖程序中所有可能的路径。

微课 5-14
组合覆盖和路径覆盖

5.2 设计及编写测试用例

测试用例的设计主要根据测试需求进行，设计出的测试用例要按照规范的模式描述出来。测试用例的设计和编写是测试过程中的重要工作之一。

微课 5-15
用例编写常见问题

5.2.1 测试用例的属性

要编写测试用例，首先要明确测试用例的属性。测试用例的属性有很多，除了最基本的预置条件、测试环境、输入数据、执行步骤、预期结果之外，为了管理方便，还包括测试用例的编号、标题（测试目的）、所测需求、实施类型等（测试用例常见属性见表 5-1）。使用不同工具进行测试时，测试用例的属性大同小异，每个团队要根据自己的实际需要确定要使用的测试用例属性。

表 5-1 测试用例常见属性

编 号	属 性	属性描述
1	用例编号	一般为需求编号后紧跟 001、002……
2	标题	对测试用例的简要描述，测试用例标题应该清楚表达测试用例的用途，以方便搜索，如“登录密码错误”
3	概述	对测试用例进行简要的描述，并说明测试的要点和注意事项，如“测试用户登录输入错误密码时，软件的响应情况”
4	预置条件	测试的前提条件，如先用管理员登录
5	测试环境	测试的软件、硬件及网络环境
6	输入数据	描述测试用例的输入数据
7	执行步骤	测试用例的执行步骤，执行步骤不宜超过 15 步
8	预期结果	测试用例的预期结果
9	附件	辅助附件文档，如要输入的文档、图片等
10	对应的脚本（可选）	测试执行时的脚本
11	优先级	测试用例的优先级，一般核心功能或基础功能涉及的测试用例为高优先级
12	所测需求	测试用例能测试到的需求点
13	实施类型	自动化、手工、半自动化
14	测试类型	用户界面测试、功能测试、接口测试、性能测试、兼容性测试、文档测试等
15	参考信息	需要参考的需求文档、相关标准等
16	创建者	测试用例的创建者
17	创建日期	测试用例的创建日期

续表

编 号	属 性	属性描述
18	历史记录	测试用例修改的历史记录
19	备注	其他说明

注意

测试用例的编号有一定的规则，例如，系统测试用例的编号这样定义：ProjectName–ST–001。其命名规则是“项目名称–测试阶段类型（系统测试阶段）–编号”。合理地定义测试用例编号，可以更方便地查找测试用例，便于测试用例的跟踪。

5.2.2 测试用例的详细程度

微课 5-16
测试用例的详略把握

在编写测试用例时会面临一个问题，测试用例步骤描述的详细程度要如何把握。理想的情况应该是测试用例详细描述所有的操作步骤，即使没有接触过系统的人员也能执行该测试用例。但是，如此一来会大大增加测试用例的编写和维护时间，一旦测试环境、需求、设计或者实现发生变化，测试用例都需要及时进行更新。目前，国内大部分软件公司的测试资源配备都不太充足，测试时间预留也不太充分，测试用例的详细程度很难达到理想情况。

当然，测试用例也不是越简单越好。测试用例如果过于简单，除了测试用例的创建者之外，可能没有人能够看明白并执行测试用例；测试用例如果过于复杂、详细，时间又会消耗太多。面对这种矛盾，测试用例的详细程度要综合考虑测试资源（测试团队、测试时间等）、测试需要的实际情况，从而编写详细程度相对合理的测试用例。

如果测试用例的创建者、测试用例执行者、其他测试活动相关人员对系统了解得很深刻，测试用例就没有必要描写得太详细，只要能交代清楚内容，达到沟通的目的就可以了。在测试用例评审阶段，评审相关人员可以对用例的详细程度进行评审。

在实际项目中，一般情况下，测试用例设计大约占测试时间的三分之一，测试用例设计人员可以参考这一时间比例开展工作。表 5-2 所示为某测试用例详细描述和粗略描述的对比。通过表 5-2 可以看出，测试用例的详略对测试用例编写的时间成本影响比较大，在项目执行时要根据实际情况把握测试用例的详略度。

表 5-2 某测试用例详细描述和粗略描述的对比

“在线课程作业管理系统”测试需求之作业提交功能。 学生用户登录后，可以为自己处于“等待提交”状态的作业提交答案，提交答案时可以输入文本描述，也可以上传附件，附件支持 Word、PowerPoint、Excel 文档，以及 TXT、JPG、PNG、GIF 格式的文档。 为该功能设计的一个测试用例可以描述得很详细，也可以粗略描述。

续表

说明	输入	步骤	输出
详细描述	文本描述.txt 作业答案.docx	① 输入用户名和密码，登录系统 ② 单击左侧导航栏中的“我的作业”按钮 ③ 选择一个状态为“等待提交”的作业，打开该作业所在页面 ④ 单击“提交答案”按钮 ⑤ 输入答案的文本描述 ⑥ 单击“添加附件”按钮，选择相应的 Word 文档 ⑦ 单击“确定提交”按钮	① 弹出“作业答案已提交！” ② 作业状态变为“等待批改” ③ 作业浏览，可以看到提交的答案
粗略描述	文本描述.txt 作业答案.docx	① 选择并打开处于“等待提交”状态的作业 ② 提交作业答案，输入文本描述，并选择 Word 文件作为附件 ③ 单击“确定提交”按钮	同上

5.2.3 测试用例编写模板

编写测试用例可以使用 Excel、Word 或者专门的测试管理软件，测试流程中应该定义测试用例的编写模板及测试用例编写指南。如果团队没有专门的测试流程，则在测试计划中应该约定测试用例的编写模板以确保整个团队的测试用例格式统一。

图 5-2 所示为惠普公司的测试管理工具 ALM 的测试用例提交页面，其中包括测试用例的详细信息、设计步骤、测试配置、需求覆盖率、历史记录等内容。

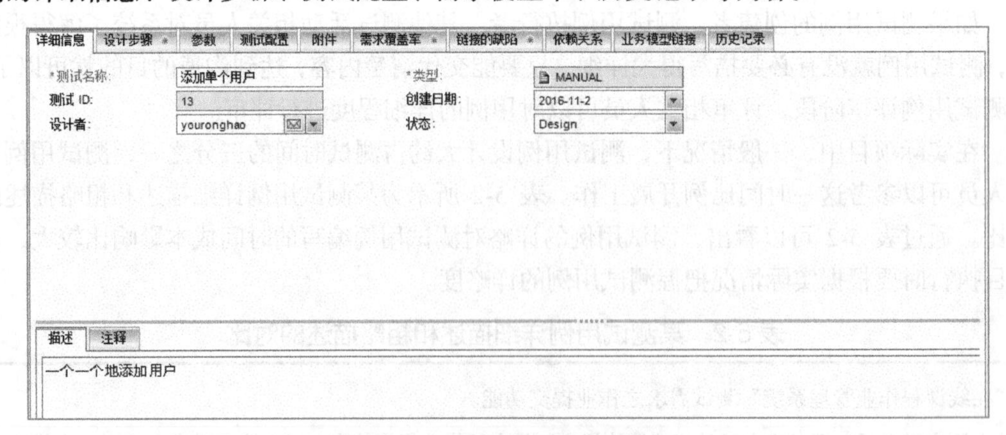

图 5-2 ALM 的测试用例提交页面

表 5-3 所示为某企业使用 Excel 创建的测试用例典型模板，主要包括功能点、测试要点、用例编号、标题、输入、用例描述、期望结果、是否通过、实际结果和备注。

表 5-3 某企业使用 Excel 创建的测试用例典型模板 1

功能点	测试要点	用例编号	标题	输入	用例描述	期望结果	是否通过	实际结果	备注
Fun1. 用户注册和登录	用户注册	Fun1_001							
		Fun1_002							
		Fun1_003							
		Fun1_004							
	用户登录	Fun1_005							
		Fun1_006							
Fun2. 数据导出和打印	数据导出	Fun2_001							
		Fun2_002							
		Fun2_003							
		Fun2_004							
	数据打印	Fun2_005							
		Fun2_006							
		Fun2_007							

表 5-4 所示为某企业使用 Excel 创建的测试用例典型模板的另一种形式。在实际项目执行过程中，测试用例模板要根据项目和团队的实际情况来设计，切忌生搬硬套。

表 5-4 某企业使用 Excel 创建的测试用例典型模板 2

××系统测试用例							
用例编号	测试模块	标题	优先级	预置条件	输入	执行步骤	预期输出
SRS01-001	登录功能	登录页面正确性验证	低	登录页面正常显示	打开登录页面	打开登录页面	登录页面显示文字和按钮文字显示正确

如果测试用例有对应的自动化脚本，则脚本的命名要体现测试用例编号和相应的关键字，并且要在脚本的开头用统一的格式对脚本进行说明（测试脚本编写模板见图 5-3）。如果除了测试脚本外，没有其他文档对脚本进行详细描述，则要在测试脚本中体现测试用例的相关属性。

```
/*******************************
作者:
日期:
测试要点:
输入:
用例描述:
预期结果:
*******************************/

脚本正文
```

图 5-3　测试脚本编写模板

5.2.4　测试用例编写指南

一般情况下，测试人员对自己负责的测试需求分析的模块比较熟悉，分配测试用例设计和编写任务时，可以直接由负责测试需求分析的测试人员对相应需求进行测试用例的设计和编写。

测试用例的编写必须依据测试需求，可以参考测试用例编写模板和测试用例编写指南。测试用例编写指南一般包括但不限于以下内容。

- 测试用例编写的模板及其说明。
- 与测试业务匹配的常见测试用例设计方法及测试类型。
- 与测试业务匹配的常见测试需求及其测试要点、测试用例设计角度。

根据 3.1.3 小节中对测试类型的分析，不同类型的软件特点不同，其测试类型也不同。但是同一种类型的软件，其测试类型和测试用例都有相似和可以借鉴之处，在设计测试用例的时候，要善于借鉴相关的用例设计，这样不但可以提高测试用例编写的效率，也可以提高测试用例的完备程度和质量。所以在编写测试用例时不一定从零开始编写，以下是一些编写测试用例时好的做法。

- 通常情况下可以借鉴以往类似软件的测试用例。例如，Web 软件系统的注册和登录测试、软件的安装卸载测试等测试项在同类软件中都有很高的相似性，可借鉴意义较大。
- 对于已经完成的测试用例可以不断地将其补充、完善，以作为下次测试用例设计的基础。例如，可能在测试执行时发现了不足并进行完善，也可能对客户提交的缺陷进行分析并补充测试用例。
- 善于总结。项目结束后要善于对项目进行总结，总结归纳测试用例设计中的经验和可借鉴的部分。

【例 5-1】找一个 B/S 架构的 Web 信息系统开展测试，测试结束后，你能总结一下此类系统测试用例设计的角度吗？

图 5-4 所示为企业测试人员测试完 B/S 架构的 Web 信息系统后总结的功能测试的测试用例设计角度，这里只展示了全部总结内容的一部分。

Web 信息系统最基本的操作就是增、删、改、查，测试人员通过识别出这类软件测试的共性，总结出了几种通用页面的测试用例设计要点和注意事项。

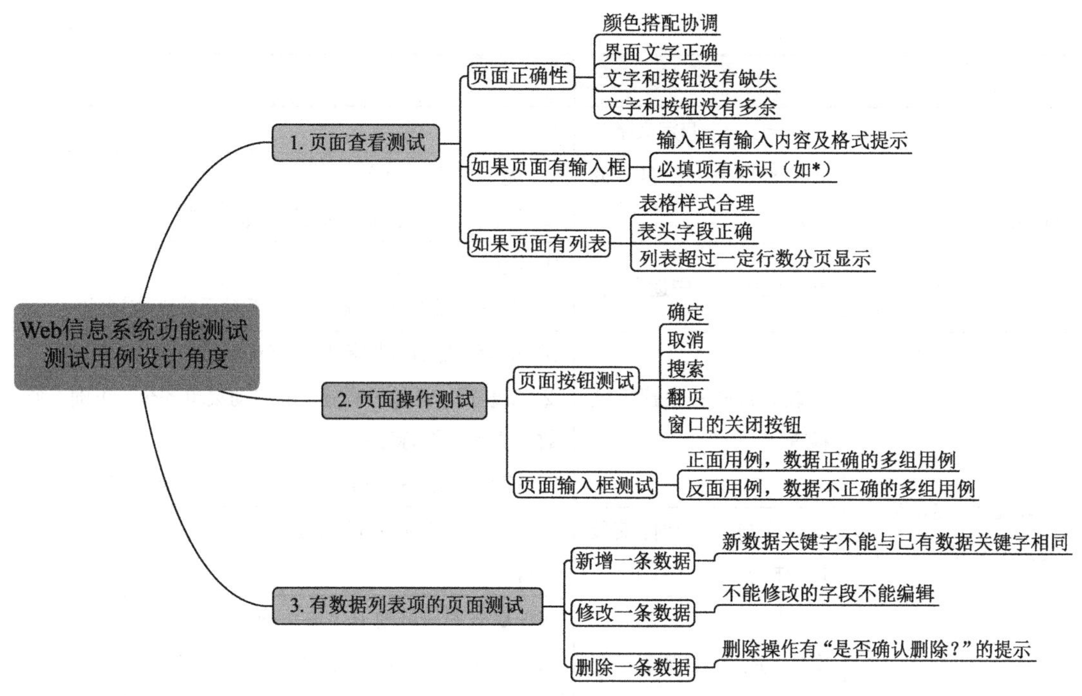

图 5-4　B/S 架构的 Web 信息系统的功能测试的测试用例设计角度

【例 5-2】假如有一个运行在 Windows 系统中的单机版应用软件，让你负责测试该软件的安装与卸载，你应该测试哪些内容？

表 5-5 所示为某单机版软件安装卸载测试的测试用例，要求一个测试人员一次性设计全面、完善的测试用例并不容易。有两种方式可以让测试用例尽可能全面、完善，一种是借鉴以往的或者别人的类似项目的测试用例，另一种是在第一个版本的测试用例基础上不断补充、完善。

根据表 5-5 中的内容，测试人员在安装完成后对帮助文档进行了检查。之所以有这样一条测试用例，是因为该软件的安装包出现了几次安装后都不能链接到帮助文档的问题，或者发现帮助文档的语言版本不正确（比如简体中文版软件的帮助文档是日文的），该测试用例并不测试帮助文档本身是否正确，测试的是帮助文档的位置和语言版本是否正确。

表 5-5　某单机版软件安装卸载测试用例

功能模块	测试要点	预期结果
安装过程	安装程序——默认路径	① 安装程序能正常启动，正常执行 ② 安装过程中的说明文字正确 ● 版本信息正确 ● 安装协议的联系方式正确 ● 无错别字，语句通顺 ● 无乱码 ③ 安装进度条显示正确

续表

功能模块	测试要点	预期结果
安装过程	安装程序——自定义路径	同上
	安装程序——磁盘空间不足	① 提示磁盘空间不足 ② 可以重新设置安装路径并顺利安装
	安装程序——中途取消	① 能够取消安装 ② 取消后没有文件被安装，不对系统造成影响
安装完成（这时候不要启动软件）	安装完成——快捷方式检查	① 桌面快捷方式图标和文字正确 ② 安装后“开始→程序”的启动菜单齐全、正确（个数、文字、图标正确） ③ 控制面板快捷方式正确（文字、图标正确）
	安装完成——软件安装目录检查	软件被安装到指定的安装路径下，文件、目录等都正确
	安装完成——注册表检查	在注册表对应的地方生成正确的条目： currentuser:HKEY_CURRENT_USER\Software\ machine:HKEY_LOCAL_MACHINE\SOFTWARE\
启动软件	软件启动	软件能正常启动
	安装后版本号检查	软件启动后的版本描述正确
	启动菜单各项关联检查	对于安装后的“开始→程序”启动菜单，选择每一个选项都能正确运行
	帮助文档检查	①通过帮助文档菜单或者按 F1 键能链接到帮助文档 ②帮助文档的语言种类正确，没有乱码
软件冲突检查	再次安装同一个版本	再次安装同一个版本，则出现已经安装且不能再次安装的提示
卸载软件	软件启动状态下卸载软件	启动软件，然后卸载软件，应该提示软件在运行，不能卸载
	软件关闭状态下卸载软件	关闭软件，然后卸载软件，卸载程序能正常启动
	取消卸载	取消卸载后软件能正常使用
	卸载软件	真正卸载软件，卸载程序的界面正确
	卸载后检查	①注册表相应条目被删除 ②“开始→程序”启动菜单相应条目被删除 ③桌面快捷方式被删除 ④控制面板相应条目被删除 ⑤安装目录下的文件，除了用户添加的文件外都被删除
不同 Windows 系统兼容性测试	Windows 10，64 位 Windows 11，64 位	在不同的 Windows 系统版本上测试安装与卸载过程

5.3 测试用例的评审

测试用例设计完毕后，最好能够增加评审环节。测试用例评审时的评审人员应该包括产品相关的需求人员、测试人员和开发人员，收取评审意见后根据评审意见更新测试用例。

如果认真执行这个环节，那么测试用例中的很多问题都会暴露出来，如用例设计错误、用例设计遗漏、用例设计冗余、用例设计不充分等。但是在实际执行时，由于测试用例数量比较多，内容比较细致，评审起来要花费的时间也比较多，再加上对评审的重视不够，因此往往不能达到预期的效果，建议通过以下方法来提高评审的效果：只评审核心模块测试用例、将评审时间加入测试计划中、加强对评审的重视等。

测试流程中应该提供《测试用例评审检查单》，供评审人员在评审的时候参考。《测试用例评审检查单》列出了编写测试用例时的一些注意事项，每个企业因为测试业务不同，其检查单也不尽相同。检查单中列出的是流程规范化要求、业务特别关注的测试用例要求及以往出错比较多的点。表 5-6 所示为某企业的《测试用例评审检查单》。

表 5-6 某企业的《测试用例评审检查单》

系统《测试用例评审检查单》

说明：

① 本检查单用于检查项目组相关活动的执行情况，指导项目组如何提高流程执行的符合度和规范性。

② 检查结论包括 3 种。

是：满足检查项要求（Yes）。否：不满足检查项要求（No）。免：该检查项对本项目不适用（NA）。

③ 如果结论为否或免，需填写结论说明。

项目名称	
作者	
检查日期	
检查人员	
检查项状态标记	Yes——满足要求　No——不满足要求　NA——检查项不适用该项目

编　号	主要检查项	状　态	说　明
1	测试用例是否按照规定的模板进行编写（包括编号、标题、优先级等）		
2	测试用例的测试对象（测试需求）是否清晰明确		
3	测试用例是否覆盖了所有的测试需求		
4	测试用例本身的描述是否清晰（包括输入、预置条件、步骤描述、预期结果）		

续表

编　号	主要检查项	状　态	说　明
5	测试用例执行环境是否定义明确且适当（包括测试环境、数据、用户权限等）		
6	测试用例是否包含了正面、反面的用例		
7	测试用例是否具有可执行性		
8	测试用例是否根据需要包含对后台数据的检查		
9	是否从用户使用系统的场景角度设计测试用例		
10	测试用例是否冗余		
11	自动化测试脚本是否带有注释		

5.4 测试用例的管理

5.4.1 测试用例的组织和维护

组织测试用例一般有两种方式：按照功能模块组织、按照测试类型组织。

- 按照功能模块组织是将属于某模块的功能测试用例、性能测试用例、兼容性测试用例等一起编号、管理。
- 按照测试类型组织是将所有功能模块的性能测试、兼容性测试分别编号、管理。

需要注意的是，测试用例写完以后并不是一成不变的，需要不断地进行更新和维护。测试用例需要更新和维护的原因可能有以下几种。

- 在测试执行过程中可能发现有测试遗漏或设计错误，需要进行测试用例的补充和修改。
- 测试需求发生变化时，需要及时更新测试用例。
- 软件设计发生变化时，需要及时更新测试用例。
- 发现设计错误或用例无法执行，需要及时进行修改。
- 发现测试用例有冗余，需要及时进行删除。

总之，及时地更新测试用例是很好的习惯。不建议在测试执行结束后再统一更新测试用例，这样往往会遗漏很多本应该更新的测试用例。

5.4.2 测试用例的统计分析

微课 5-17 测试用例的统计分析

通过对测试用例进行统计分析，可以观察测试用例的执行效率以及分布合理性。测试用例常见的统计分析项如下。

- 测试用例自动化率：自动化率是评估测试自动化程度的重要指标，一般在进行测试计划时要考虑是否可以提升测试用例的自动化程度。

$$测试用例自动化率=\frac{自动化测试用例数量}{测试用例总数量}$$

- 功能测试与非功能测试比例：为了避免只关注功能测试而忽略非功能测试，该比例值可以标识对非功能测试的关注度。如果比例过高，则测试用例的设计可能存在不合理性。有时也会用非功能测试用例占总测试用例的比例来评估对非功能测试的关注度。

$$功能测试与非功能测试比例=\frac{功能测试的测试用例数量}{非功能测试的测试用例总数量}$$

- 测试用例通过率：测试执行完毕后，测试用例通过率是评估被测对象质量的重要指标，一般这个指标值要在90%以上。

$$测试用例通过率=\frac{测试通过的测试用例数量}{总测试用例数量}$$

- 各模块测试用例分布：对各功能模块的测试用例分布进行统计。人们可以根据经验和模块规模评估测试用例数量的合理性，一般可以通过表格、柱状图或饼图来进行分析。图5-5所示为某系统各模块测试用例分布。

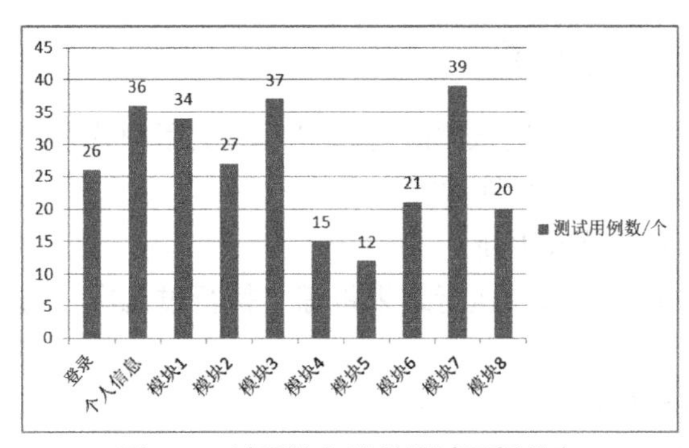

图5-5　某系统各模块测试用例分布

- 正面测试用例与反面测试用例比例：通过这一比例可以评估测试用例设计的完备性。如果比例过高，则说明反面测试用例可能考虑不充分。

正面测试用例与反面测试用例

正面测试用例和反面测试用例在测试中都具有重要的作用。正面测试用例用于确认系统正常工作的功能，而反面测试用例则用于发现系统在非正常情况下的潜在问题和缺陷。两者相互补充，帮助提高系统的质量和可靠性。

5.4.3　设置测试用例执行顺序

在测试用例执行过程中，会发现每个测试用例都对测试环境有一定的要求，同时，测试用例执行后对测试环境也可能有影响。因此，需要分析测试用例的关系，定义测试用例的执行顺序，以便明确测试用例的执行关系，提高测试用例的执行效率。以下是需要考虑测试用例执行顺序的情形。

微课5-18
设置测试用例的执行顺序

- 某些异常测试用例会导致服务器频繁重新启动。服务器的每次重新启动都会消耗大量的时间，导致这部分测试用例的执行也消耗很多的时间。这部分测试用例要指定专门的时间段进行测试，不能随时进行。

● 有些测试用例依赖于别的测试用例，例如，用户修改密码的测试用例，其执行的前提条件是用户登录测试用例已经通过测试。

● 信息系统大部分都包含添加数据、修改数据、删除数据的操作。如果测试时按照“添加数据→删除数据→修改数据”的顺序执行，那么在修改数据的操作执行之前需要重新添加一批数据。如果按照“添加数据→修改数据→删除数据”的顺序执行测试用例，则会比较节省时间。

因此，合理地定义测试用例的执行顺序是很有必要的，但并不是所有的测试用例都需要定义与其他测试用例之间的执行关系。大部分时候，人们可以将测试用例之间的关系理解为并行的，相比手工测试，定义测试用例的执行顺序对自动化测试来说更为重要。

一般可以在编写测试用例时考虑有没有特别的执行顺序和要求，如果有则可以记录到测试用例的预置条件中，也可以为测试用例建立一个专门的字段来存储该用例所依赖的用例和其他特殊要求。

5.5 测试用例管理工具

为了更好地管理测试用例，测试团队可以引入测试用例管理工具。测试用例管理工具应该支持的一般性功能如下。

微课 5-19 测试用例管理工具

● 测试用例的输入和修改更新。

● 测试用例执行的分配以及执行结果跟踪（执行过几次，每次的结果如何）。

● 测试用例的统计分析。

● 测试用例的查询、搜索功能。

● 测试用例的导入和导出。

● 支持多人同时进行用例编辑：由于测试工作一般都是团队运作的，测试用例管理工具最好能支持多人同时编辑。

除了一般性功能之外，测试用例管理工具如果能支持如下高级功能则更好。

● 能够与缺陷管理系统紧密集成（能链接到用例执行不通过时记录的缺陷）。

● 能够与测试需求管理工具集成：由于测试用例是根据测试需求来编写的，如果可以将测试需求和测试用例关联起来，则更加方便。

● 测试用例的版本管理功能。

● 测试用例属性定制功能：各个测试团队用到的测试用例属性不尽相同，可以允许用户根据自身需要定制相应的属性。

测试用例管理工具有很多种，大部分测试管理工具都具有测试用例管理的功能，也有一些专门的测试用例管理工具，这里简要介绍几个。

● Excel/Word。在没有专门的测试用例管理工具的情况下，可以用 Excel 或者 Word 来管理测试用例。根据测试用例的具体格式和数据可知，Excel 比 Word 更适合用于管理测试用例。但是 Excel 不能支持多人同时编辑。另外，当测试用例条目比较多时，Excel 不容易维护和跟踪。

● 专门的测试用例管理工具。这些工具一般集成在测试管理工具和项目管理工具中，如惠普的 ALM 工具。

5.6 实践举例：手机闹钟功能测试用例

闹钟功能是手机的必备功能，这里给出手机闹钟功能测试用例（见表 5-7）供读者参考，以便读者了解测试用例的编写方式。注意，这里只列出了必要字段，优先级、所属模块等字段没有列出。

表 5-7 手机闹钟功能测试用例

用例编号	用例标题	预置条件	输入数据	操作步骤	预期结果	测试用例类型
1	闹钟新建——增添闹钟	① 手机能正常使用 ② 手机处于开机状态 ③ 时间为 24 小时制	无	① 单击“添加” ② 进入闹钟设置界面，设置时间，单击“完成”	成功添加闹钟	功能测试
2	闹钟新建——设置多个闹钟	① 手机能正常使用 ② 手机处于开机状态 ③ 时间为 24 小时制	闹钟时间调至 9:00	设置 10 个闹钟，时间都一样	闹钟被允许设置	功能测试
3	闹钟响起——开机状态	① 手机能正常使用 ② 手机处于开机状态 ③ 时间为 24 小时制	闹钟时间调至当前时间后 3 分钟	① 等待至所设置时间，检查闹钟是否会响起 ② 单击“关闭闹钟”	① 闹钟响起 ② 闹钟关闭后不再响起	功能测试
4	闹钟响起——关机状态	① 手机能正常使用 ② 手机处于开机状态 ③ 时间为 24 小时制	闹钟时间调至当前时间后 3 分钟	① 设置好闹钟时间后关闭手机 ② 单击“关闭闹钟”	① 闹钟响起 ② 闹钟关闭后不再响起	功能测试
5	闹钟响起——是否关闭	① 手机能正常使用 ② 手机处于开机状态 ③ 时间为 24 小时制	闹钟时间调至当前时间后 3 分钟	① 闹钟时间到时，选择是否关闭闹钟 ② 单击“否”	闹钟继续响	功能测试
6	闹钟响起——无电量状态	① 手机能正常使用 ② 手机处于开机状态 ③ 时间为 24 小时制	闹钟时间调至当前时间后 3 分钟	设置好闹钟时间后，把手机电量用尽至关机	闹钟不响起	功能测试

续表

用例编号	用例标题	预置条件	输入数据	操作步骤	预期结果	测试用例类型
7	闹钟响起——铃响时自动关机	① 手机能正常使用 ② 手机处于开机状态，且进入低电量预警状态 ③ 时间为24小时制	闹钟时间调至当前时间后3分钟	设置好闹钟时间后，把手机用到时间到时，手机正好自动关机	闹钟响起	功能测试
8	闹钟响起——浏览网页状态	① 手机能正常使用 ② 手机处于开机状态 ③ 时间为24小时制	闹钟时间调至当前时间后3分钟	① 浏览网页时，设定的闹钟时间到 ② 单击“关闭闹钟”	① 闹钟响起 ② 闹钟关闭后停留在浏览的网页页面	功能测试
9	闹钟响起——编辑短信状态	① 手机能正常使用 ② 手机处于开机状态 ③ 时间为24小时制	闹钟时间调至当前时间后3分钟	① 编辑短信时，设定的闹钟时间到 ② 单击“关闭闹钟”	① 闹钟响起 ② 闹钟关闭后返回到编辑短信界面	功能测试
10	闹钟响起——插入内存卡	① 手机能正常使用 ② 手机处于开机状态 ③ 时间为24小时制	闹钟时间调至当前时间后3分钟	插入内存卡时，设定的闹钟时间到	闹钟停顿几秒后响起	冲突测试
11	闹钟响起——拔出内存卡	① 手机能正常使用 ② 手机处于开机状态 ③ 时间为24小时制	闹钟时间调至当前时间后3分钟	拔出内存卡时，设定的闹钟时间到	①闹钟停顿几秒后响起 ②铃声变成默认铃声	冲突测试
12	闹钟响起——插入充电器	① 手机能正常使用 ② 手机处于开机状态 ③ 时间为24小时制	闹钟时间调至当前时间后3分钟	插入充电器时，设定的闹钟时间到	闹钟响起	冲突测试
13	闹钟响起——拔出充电器	① 手机能正常使用 ② 手机处于开机状态 ③ 时间为24小时制	闹钟时间调至当前时间后3分钟	拔出充电器时，设定的闹钟时间到	闹钟响起	冲突测试
14	闹钟响起——来电接听状态	① 手机能正常使用 ② 手机处于开机状态 ③ 时间为24小时制	闹钟时间调至当前时间后3分钟	闹钟响起时，来电接听	闹钟停止响起，挂断后继续响起	冲突测试

续表

用例编号	用例标题	预置条件	输入数据	操作步骤	预期结果	测试用例类型
15	闹钟响起——来电不接听状态	① 手机能正常使用 ② 手机处于开机状态 ③ 时间为 24 小时制	闹钟时间调至当前时间后 3 分钟	闹钟响起时，来电不接听，等对方挂断	闹钟停止响起，对方挂断后继续响起	冲突测试
16	闹钟响起——挂断电话	① 手机能正常使用 ② 手机处于开机状态 ③ 时间为 24 小时制	闹钟时间调至当前时间后 3 分钟	闹钟响起时，挂断电话	闹钟响起	冲突测试
17	闹钟响起——插入耳机	① 手机能正常使用 ② 手机处于开机状态 ③ 时间为 24 小时制	闹钟时间调至当前时间后 3 分钟	闹钟响起时，插入耳机	闹钟停顿几秒后在耳机里响起	冲突测试
18	闹钟响起——拔出耳机	① 手机能正常使用 ② 手机处于开机状态 ③ 时间为 24 小时制	闹钟时间调至当前时间后 3 分钟	闹钟响起时，拔出耳机	闹钟停顿几秒后响起	冲突测试
19	闹钟响起——插入 SIM 卡	① 手机能正常使用 ② 手机处于开机状态 ③ 时间为 24 小时制	闹钟时间调至当前时间后 3 分钟	闹钟响起时，插入 SIM 卡	闹钟停顿 1 秒后响起	冲突测试
20	闹钟响起——拔出 SIM 卡	① 手机能正常使用 ② 手机处于开机状态 ③ 时间为 24 小时制	闹钟时间调至当前时间后 3 分钟	闹钟响起时，拔出 SIM 卡	闹钟停顿 1 秒后响起	冲突测试
21	闹钟响起——长按关机键	① 手机能正常使用 ② 手机处于开机状态 ③ 时间为 24 小时制	闹钟时间调至当前时间后 3 分钟	闹钟响起时，长按关机键	① 闹钟响起 ② 闹钟关闭，手机关机	冲突测试
22	闹钟响起——发送短信状态	① 手机能正常使用 ② 手机处于开机状态 ③ 时间为 24 小时制	闹钟时间调至当前时间后 5 分钟	闹钟与短信发送同时进行	闹钟响起，短信同时发送	冲突测试

续表

用例编号	用例标题	预置条件	输入数据	操作步骤	预期结果	测试用例类型
23	闹钟设置——开启闹钟	① 手机能正常使用 ② 手机处于开机状态 ③ 时间为24小时制	闹钟时间调至当前时间后3分钟	① 开启闹钟，观察闹钟图标会不会出现在手机上方的状态栏中 ② 等到设置时间到，看闹钟是否会响起	① 闹钟图标出现在手机上方的状态栏中 ② 到设置时间，闹钟响起	功能测试
24	闹钟设置——关闭闹钟	① 手机能正常使用 ② 手机处于开机状态 ③ 时间为24小时制	闹钟时间调至当前时间后3分钟	① 关闭闹钟，观察闹钟图标会不会从手机上方的状态栏消失 ② 等到设置时间到，看闹钟是否会响起	① 闹钟图标从手机上方的状态栏中消失 ② 到设置时间，闹钟不响起	功能测试
25	闹钟设置——闹钟名称	① 手机能正常使用 ② 手机处于开机状态 ③ 时间为24小时制	闹钟时间调至当前时间后3分钟	① 在闹钟设置里给闹钟命名 ② 闹钟时间到则关闭闹钟	闹钟响起，并显示所设置的闹钟名称	功能测试
26	闹钟设置——重复每天	① 手机能正常使用 ② 手机处于开机状态 ③ 时间为24小时制	闹钟时间调至9:20	① 设置闹钟重复为每天 ② 闹钟时间到则关闭闹钟	闹钟每天都会在所设置的时间响起	功能测试
27	闹钟设置——重复工作日	① 手机能正常使用 ② 手机处于开机状态 ③ 时间为24小时制	闹钟时间调至9:30	① 设置闹钟重复为工作日 ② 闹钟时间到则关闭闹钟	闹钟会在所设置的工作日时间响起，周末不响	功能测试
28	闹钟设置——稍后提醒	① 手机能正常使用 ② 手机处于开机状态 ③ 时间为24小时制	闹钟时间调至当前时间后3分钟	① 设置稍后提醒时间为10分钟后 ② 闹钟时间到后不操作闹钟	闹钟响起后无人操作，在10分钟后会再次响起	功能测试

续表

用例编号	用例标题	预置条件	输入数据	操作步骤	预期结果	测试用例类型
29	闹钟设置——系统铃声	① 手机能正常使用 ② 手机处于开机状态 ③ 时间为 24 小时制	闹钟时间调至当前时间后 3 分钟	① 设置闹钟铃声为系统铃声 ② 关闭闹钟	① 闹钟响起时，播放所设置的系统铃声 ② 关闭闹钟后，铃声停止	功能测试
30	闹钟设置——自定义铃声	① 手机能正常使用 ② 手机处于开机状态 ③ 时间为 24 小时制	闹钟时间调至当前时间后 3 分钟	① 设置闹钟铃声为自定义铃声 ② 关闭闹钟	① 闹钟响起时，播放所设置的自定义铃声 ② 关闭闹钟后，铃声停止	功能测试
31	闹钟设置——振动	① 手机能正常使用 ② 手机处于开机状态 ③ 时间为 24 小时制	闹钟时间调至当前时间后 3 分钟	① 设置闹钟为响起时振动 ② 关闭闹钟	① 闹钟响起时，手机同时振动 ② 关闭闹钟后，振动停止	功能测试
32	闹钟设置——同时设置重复、设置铃声	① 手机能正常使用 ② 手机处于开机状态 ③ 时间为 24 小时制	闹钟时间调至 9:00	设置闹钟每天重复，并设置铃声为本地铃声	闹钟每天在同一时间响起，并且播放的是所设置的本地铃声	功能测试
33	闹钟设置——同时设置振动和铃声	① 手机能正常使用 ② 手机处于开机状态 ③ 时间为 24 小时制	闹钟时间调至当前时间后 3 分钟	设置闹钟响起时振动，并设置铃声为自定义铃声	闹钟响起并振动，并且播放的是所设置的自定义铃声	功能测试
34	闹钟删除——删除一个闹钟	① 手机能正常使用 ② 手机处于开机状态 ③ 时间为 24 小时制	无	① 长按所需删除的闹钟 ② 单击“删除”	闹钟被删除	功能测试

续表

用例编号	用例标题	预置条件	输入数据	操作步骤	预期结果	测试用例类型
35	闹钟删除——清空闹钟	① 手机能正常使用 ② 手机处于开机状态 ③ 时间为 24 小时制	无	① 随意长按一个闹钟，出现选项框后，选择“全部闹钟” ② 单击“删除”	闹钟列表被清空	性能测试
36	闹钟删除——同时删除多个闹钟	① 手机能正常使用 ② 手机处于开机状态 ③ 时间为 24 小时制	无	删除手机里的 10 个闹钟	闹钟全被删除	性能测试

5.7 实践任务 5：编写并管理项目测试用例

【实践任务】

① 根据测试需求，完成项目测试用例的设计和编写。

② 将测试用例整理在 Excel 文档中，提交时文件以“第×组-项目名称-测试用例”命名。

【实践指导】

① 用工具管理测试用例可以选择禅道、ALM、Excel 或其他工具。

② 可以参考软件测试用例中相应的模板。

技术前沿

一直以来，测试用例生成技术是软件测试领域研究的热门方向，国内、国外学者针对测试用例生成技术已经提出若干种方法，如基于模型的测试用例生成方法、组合测试用例生成方法、基于需求的测试用例生成方法、基于录制与回放的测试用例生成方法等。尽管测试用例生成研究成果层出不穷，但是自动生成测试用例还有很多未克服的困难，此外，对于如何有效将研究成果真正应用到实际的测试用例生成中，目前还缺乏有效解决方案。

5.8 工单示例：设计并编写项目测试用例

【任务描述】

根据选定的被测软件项目测试需求和测试计划中的分工，选取 1~2 个功能模块或者某个质量属性（性能效率测试、可靠性测试等），完成测试用例的设计和编写。

【知识准备】

[引导]通过资料查阅和学习，理解测试用例的关键属性，尝试列出关键属性并解释意义。

（1）______________________________

（2）______________________________

（3）______________________________

（4）______________________________

（5）______________________________

（6）______________________________

[引导]通过对测试用例的统计分析可以观察测试用例的分布合理性。学习并解释以下测试用例统计分析指标。

（1）功能测试和非功能测试的比例：

（2）各功能模块测试用例分布：

（3）正面测试用例与反面测试用例的比例:

【任务准备】

[引导]测试用例设计开始的条件确认

☐项目测试计划已经完成并得到批准；

☐测试用例设计人员已经到位。

【任务实施】

[引导]选择一个测试点，设计测试用例，用思维导图表达测试要点。

选择的测试点：______________________________

思维导图：

[引导]选择一个测试点，设计测试用例，用表格描述测试用例。

序号	用例标识	需求追溯	用例标题	用例初始化（前置条件）	操作步骤	期望结果	设计人员	设计日期

续表

序号	用例标识	需求追溯	用例标题	用例初始化（前置条件）	操作步骤	期望结果	设计人员	设计日期

【引导】

（1）将发现的缺陷录入到缺陷管理系统。

查阅资料，了解并列出市场上主流的缺陷管理工具：________________________

你选择的缺陷管理工具是：□ALM；□Jira；□禅道；□其他____________

录入的缺陷数量：________

（2）利用缺陷管理系统对缺陷进行分析统计。

列出能用工具生成的统计图：________________________________

[引导]测试用例数据统计

根据测试需求清单，统计每个测试项的用例数。

测试项	测试子项	测试用例数

续表

测试项	测试子项	测试用例数

[引导]任务过程总结分析

（1）遇到的其他问题以及解决方法：

___

（2）总结本次任务完成过程中的优点和不足：

___

【任务质量检查】

设计并编写项目测试用例 任务质量表，检查每项总分（5分）				
编号	检查项	自评	师评	检查记录
1	任务整体完成度			
2	任务工作量是否饱满			
3	知识准备是否到位			
4	任务记录是否详细且完整			
5	测试用例是否按照规定的模板进行编写（编号、标题、优先级等）			
6	测试用例的测试需求是否清晰明确			
7	测试用例是否覆盖了所有的测试需求点			

续表

设计并编写项目测试用例 任务质量表，检查每项总分（5分）				
编号	检查项	自评	师评	检查记录
8	测试用例本身的描述是否清晰（包括输入、预置条件、步骤描述、期望结果）			
9	测试用例执行环境是否定义明确且适当（测试环境、数据、用户权限等）			
10	测试用例是否包含了正面、反面的用例			
11	测试用例是否具有可执行性			
12	是否从用户使用系统的场景角度设计测试用例			
13	测试用例是否冗余			
总分（按照百分制）				综合评价结果： □优；□良；□中；□及格；□不及格

问题与建议：

指导老师签字： 日期：

理论考核

学号：______ 姓名：______ 得分：______ 批阅人：______ 日期：______

一、单项选择题（本大题共 10 小题，每小题 8 分，共 80 分。每小题只有一个选项符合题目要求）

1. [软件评测师]以下不属于功能测试用例的构成元素的是（　　）。

A. 测试数据　　B. 测试步骤　　C. 预期结果　　D. 实测结果

2. 通常测试用例很难完全覆盖测试需求，因为（　　）。

① 输入量太大　② 输出结果太多

③ 软件实现途径多　④ 测试依据没有统一标准

A. ①②　　B. ①③　　C. ①②③　　D. ①②③④

3. 测试用例是测试使用的文档化细则，其规定如何对软件的某项功能或功能组合进行测试。测试用例应包括下列（　　）内容的详细信息。

① 测试目标和被测功能　② 测试环境和其他条件

③ 测试数据和测试步骤　④ 测试记录和测试结果

A. ①③　　B. ①②③　　C. ①③④　　D. ①②③④

4. 黑盒测试是通过软件的外部表现来发现软件缺陷和错误的测试方法，具体地说，黑盒测试用例设计方法包括（　　）等。

A. 等价类划分法、因果图法、边界值分析法、错误推测法、判定表（决策表）法

B. 等价类划分法、因果图法、边界值分析法、正交试验法、符号法

C. 等价类划分法、因果图法、边界值分析法、功能图法、基本路径法

D. 等价类划分法、因果图法、边界值分析法、静态质量度量法、场景法

5. 多条件覆盖是一种逻辑覆盖，它的含义是设计足够多的测试用例，使得每个判定中条件的各种可能组合都至少出现一次，满足多条件覆盖级别的测试用例也是满足（　　）级别的。

A. 语句覆盖、判定覆盖、条件覆盖、判定/条件覆盖

B. 判定覆盖、条件覆盖、判定/条件覆盖、修正条件判定覆盖

C. 语句覆盖、判定覆盖、判定/条件覆盖、修正条件判定覆盖

D. 路径覆盖、判定覆盖、条件覆盖、判定/条件覆盖

6. 以下（　　）方法不是黑盒测试用例的设计方法。

A. 等价类划分法　　B. 边界值分析法　　C. 因果图法　　D. 路径法

7. [软件评测师]系统功能测试过程中，验证需求可以正确实现的测试用例称为（　　）。

A. 业务流程测试用例　　B. 功能点测试用例

C. 通过测试用例　　D. 失败测试用例

8. [ISTQB]某视频应用有这样的需求：该应用应该允许在如下的显示分辨率（单位：像素）下播放视频。

① 640 × 480

② 1280 × 720

③ 1600 × 1200

④ 1920 × 1080

以下哪组测试用例是对该需求进行等价类划分测试技术得到的结果？（　　）

A．验证应用能够在显示分辨率 1920 × 1080（单位：像素）下播放视频（1 个测试用例）

B．验证应用能够在显示分辨率 640 × 480（单位：像素）和 1920 × 1080（单位：像素）下播放视频（2 个测试用例）

C．验证应用能够在需求中的每个显示分辨率下都可以播放视频（4 个测试用例）

D．验证应用能够在需求中的任意一个显示分辨率下可以播放视频（1 个测试用例）

9．黑盒测试称为功能测试，黑盒测试不能发现（　　）。

A．终止性错误

B．输入是否正确接收

C．界面是否有误

D．是否存在冗余代码

10．某系统对每个员工一年的出勤天数进行核算和存储（每月 22 个工作日，一年最多出勤 12 × 22=264 天），使用文本框进行填写。在此文本框的测试用例编写中使用了等价类划分法，则以下划分不准确的是（　　）。

A．无效等价类，出勤日>264

B．无效等价类，出勤日<0

C．无效等价类，出勤日为非数字

D．有效等价类，0<出勤日<264

二、判断题（本大题共 4 小题，每小题 5 分，共 20 分）

11．测试覆盖率与测试用例数量成正比。（　　）

12．采用正确的测试用例设计方法，软件测试可以做到穷举测试。（　　）

13．组件测试用例通常从组件规格说明、设计规格说明或者数据模型中生成；系统测试用例通常从需求规格说明或者用例中生成。（　　）

14．开展项目测试时，测试用例越多越好。（　　）

任务 6 执行测试并报告缺陷

测试执行和缺陷报告是测试实施的重要环节，软件缺陷是评估被测对象的重要指标。本任务主要讲述测试执行的要点以及监控方法、什么是软件缺陷、软件缺陷产生的原因、软件缺陷的生命周期、如何报告一个软件缺陷、如何对软件缺陷进行统计分析。

学习目标

- 了解测试执行的主要任务。
- 了解测试执行中的监控要点。
- 了解软件缺陷的概念以及产生的原因。
- 掌握软件缺陷的生命周期。
- 掌握提交一个好的软件缺陷报告的要点。
- 掌握常见的软件缺陷统计分析方法。
- 能够根据理论开展测试执行和监控、软件缺陷的报告和统计分析。

慧眼识缺陷，透过现象看本质

拓展微课
透过现象看本质

在软件测试项目中，发现并提交缺陷报告是软件测试工程师的关键核心任务，如何提交一个高质量的缺陷报告是软件测试管理课程中的一个重点和难点。要提交一个高质量的缺陷报告除了关注缺陷报告描述的规范性，另一个要点便是进一步分析缺陷。

看到缺陷的现象后有必要对缺陷进行进一步分析，如何分析、如何提高自己进一步分析缺陷的能力呢？实际上这是一个由感性认识上升到理性认识的过程，是透过现象看本质的实践。

现象不等同于本质，我们应该并且能够通过感性认识上升到理性认识，这个过程需要我们发挥主观能动性，同时依赖于我们掌握的科学思维方法和感性材料（缺陷现象、软件需求、软件本身等）。要对缺陷进一步分析，我们可以提出三个问题：

- 缺陷分现象和本质吗？（现象与本质的区别和联系）
- 对缺陷进一步分析容易吗？（感性认识到理性认识）
- 如何进一步分析缺陷？（如何上升到理性认识）

软件测试管理课程是一门实践性比较强的课程，实践就要“做事”，“做事”要用到正确的做事方法，在专业知识和技能学习过程中以及日常生活中，我们要学会运用马克思主义世界观、方法论观察和分析问题。

6.1 测试执行

测试执行是执行所有或部分选定的测试用例，并对测试结果进行分析的过程。测试执行活动是整个测试过程的核心环节，所有测试分析、测试设计、测试计划的结果都将在测试执行中得到最终的检验。

6.2 测试执行的任务

微课 6-1
测试执行的任务

6.2.1 测试执行的主要任务

测试执行阶段的主要任务如下。

① 测试启动评估：根据测试计划和被测对象评估此次测试是否达到启动的条件。不同的测试目的，其测试启动评估的条件不尽相同，要根据实际情况进行设置。启动条件一般会在测试计划中定义。

② 指定测试用例：根据测试的阶段、任务选择执行全部或部分测试用例。

③ 分配测试用例：将测试用例分配给测试人员。

④ 执行测试：执行测试用例，记录原始数据，及时报告发现的缺陷，进行测试缺陷管理。

⑤ 状态监控：根据测试执行情况以及缺陷情况，监控测试执行的进度以及遇到的问题，并及时解决测试中阻碍执行进度的相关问题。

⑥ 及时汇报：及时向管理层汇报测试的进度、发现的主要问题等。

测试执行的主要任务见图 6-1，测试计划和被测对象是测试执行的主要输入。图 6-1 的核心部分是一个闭环，要根据监控的状态及时调整测试策略，更新测试计划。

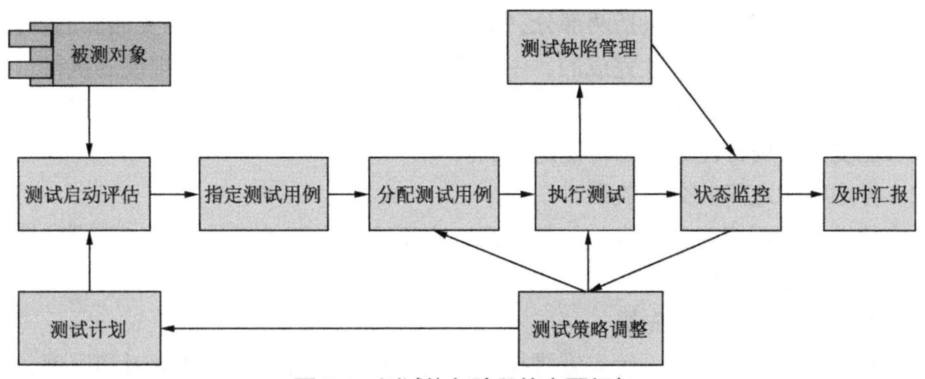

图 6-1　测试执行阶段的主要任务

6.2.2 测试启动评估

为了确保测试顺利开展，对于工作量比较大的项目，在测试正式启动之前要对能否启动测试进行评估，这是因为在产品级测试过程中，测试组为了准备一个版本的测试，将投入很高的成本，包括测试环境、测试人力资源等，这种投入将随着产品特性的增加、测试环境的复杂化而不断膨胀。测试启动评估的目的不在于评估开发人员的工作绩效，而在于控制版本在转入测试阶段时的质量，尽量减少前期不成熟的版本对测试资源的浪费；通过牺牲短期的内部控制成本，可以较好地避免后期进行大量测试投入的风险。

具体评估内容在测试计划中确定，一般包括以下几项。

① 评估被测对象的完成程度以及质量能否达到测试启动的标准，表6-1所示为某企业的某产品系统测试启动标准。

表6-1 某企业的某产品系统测试启动标准

测试版本必须同时满足以下条件才可以进入系统测试。
● 计划体现在发布版本上的功能模块已经全部集成，并且所有项目集成在一起后的各功能点已实现，即需求已经100%完成。
● 交付测试的版本已经完成所有基本的自动化测试，并且自动化测试脚本全部通过。

② 根据给定的版本测试时间及测试用例分配结果，结合测试执行能力，评估本轮测试需达到的覆盖率。

③ 根据覆盖度确定本轮应发现缺陷的阶段目标。

④ 评估各特性的测试用例分配是否合理，是否存在极不均衡的现象，是否存在过度测试，是否存在部分特性无法完成测试。

⑤ 评估测试执行计划中时间安排的合理性。

6.2.3 测试用例分配

测试执行之前要进行测试用例的分配。如果在测试计划中已经明确具体的测试用例分配，则按照计划执行即可，否则需要在执行前进行分配。测试用例的分配需要考虑以下方面。

（1）识别此次要执行的测试用例的集合

要执行的测试用例一般包括两部分，需要测试的新增特性用例和需要回归的特性用例。测试的执行往往并不是一次性完成的，一个测试往往包含很多次各种规模的执行。每次执行需要根据本次测试的具体情况识别出要执行的测试用例集合，其中需要回归的特性用例主要是可能受到新增特性影响的特性的用例。

（2）考虑特性之间的交互关系

各个特性之间可能存在组合、依赖关系。由于这些交互关系的存在，不同特性的用例在执行时可能合并、合作。

（3）考虑测试用例的优先级

考虑测试用例的优先级，优先安排执行优先级高的测试用例；考虑时间进度，平衡测试进度和测试执行质量。

6.2.4 测试用例执行

测试用例的执行要关注测试执行的质量。

测试执行的主要目标是尽可能地发现产品的缺陷，而不是达到测试计划的完成率要求。如果过于关注测试计划的完成率，而不重视测试执行的质量，则会导致虽然已经完成测试，但是仍然不能确保产品质量达标。此时需要进行补救，增加重复测试，这样不但会加大测试冗余度，还会造成整体测试进度的延迟，更严重的是会遗留很多本来应该发现的缺陷。

因此，在测试用例执行过程中除了关注测试进度外，还要全方位观察测试用例的执行结果，加强对测试过程的记录，及时确认发现的缺陷，及时更新测试用例，处理好与开发的关系，促进缺陷的解决。

要提高测试执行的质量，可以从如下几方面着手。

- 在测试过程中不仅关注测试用例的执行结果，还要注意在测试用例执行过程中出现的各类异常现象，如来自告警、日志、维护系统的异常信息。
- 尽早提交缺陷报告。发现缺陷之后要尽早提交缺陷报告，最好是发现之后立即提交，避免测试结束后集中提交缺陷报告，确保开发人员实时掌握软件质量情况并能及时解决缺陷。特别是一些可能阻碍测试的缺陷，更要第一时间反馈给开发人员。
- 避免机械性地执行测试用例。在测试执行中要多思考，如果发现测试用例不合理要及时对其进行补充或修改。

在测试执行过程中，测试用例是核心。为了方便统计和管理，测试用例在测试执行中也有不同的状态（见图 6-2）。

- 等待执行状态：测试用例等待执行。
- 阻塞状态：由于其他原因导致测试用例暂时不能执行。例如，某个功能模块不能启动，则该功能模块的所有测试用例都被阻塞；管理员账号登录失败，则所有与管理员权限相关的测试用例都被阻塞。
- 正在执行状态：测试用例正在执行。
- 通过状态：测试用例执行通过。
- 失败状态：测试用例执行失败，此时要提交相应的缺陷报告。
- 免执行状态：表示本次测试不执行该测试用例。

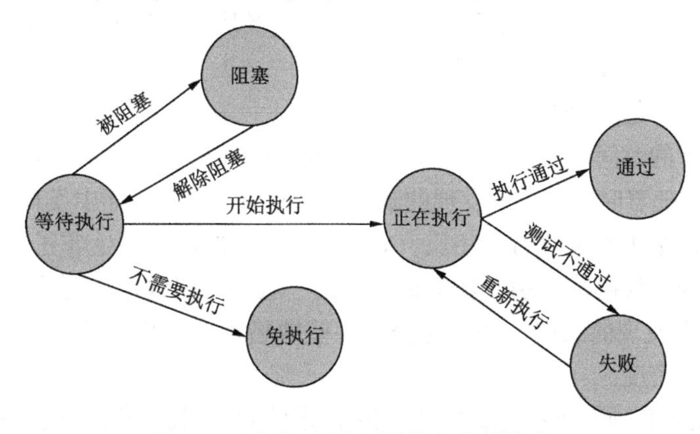

图 6-2 测试用例在测试执行中的状态

6.3 测试执行监控

微课 6-2
测试执行监控

测试执行过程中要对测试情况进行密切监控，监控的主要任务和目的如下。

- 记录和管理测试用例的执行状态。

- 根据当前的执行状态，判定测试用例的质量和执行效率。
- 根据已发现缺陷的分布，判定结束测试的条件是否成熟。
- 根据缺陷的数量、种类等信息评估被测软件的质量。
- 根据缺陷的分布、修复缺陷的时间、回归测试发现的缺陷数量等信息评估开发过程的质量。
- 根据测试计划完成情况、发现的缺陷情况等信息评估测试人员的表现。

测试执行过程中要及时分析测试数据，全方位监控各项指标，主要监控内容有以下 5 个方面（见图 6-3）。

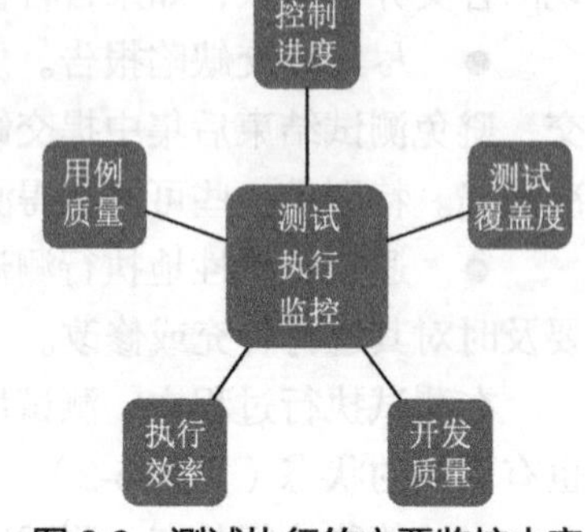

图 6-3　测试执行的主要监控内容

① 控制进度监控：监控测试执行的进度与预期的偏差，及时分析原因并进行测试计划调整。

② 用例质量监控：监控测试用例的有效性，判断其能否发现关键问题等。

③ 测试覆盖度监控：监控测试是否覆盖全面。

④ 执行效率监控：监控测试执行的效率。

⑤ 开发质量监控：监控被测软件的质量。

针对测试执行监控内容的 5 个方面，有多个具体的监控指标，测试团队要根据实际情况明确需要重点监控的数据。常见的监控指标如下。

（1）测试用例执行的进度

测试用例执行的进度=已执行的测试用例数目/总测试用例数目

此指标数据只表明测试进度，不表示测试的成功率。为了得到更精确的进度数据，也可以计算测试的步骤数。

（2）缺陷的存活时间

缺陷的存活时间=缺陷从打开到关闭的时间（或者从发现到解决的时间）

该指标数据表明修复缺陷的效率。

（3）缺陷数量的趋势分析

按照测试执行的时间顺序（以月、周、天为时间单位），查看发现的缺陷数量的趋势。一般来说，应该是随着时间推移，发现的缺陷越来越少。如果实际中发现的缺陷越来越少，趋近于 0，则考虑结束测试执行。相反，如果发现缺陷的数量发生非正常波动，则说明可能存在以下的问题：代码修改引发新的缺陷；前一版本的测试存在覆盖率低的问题；新的测试发现了原来未发现的缺陷，必须先修复某些缺陷才能继续测试，以发现其他的缺陷。

（4）缺陷分布密度

缺陷分布密度=某项需求的总缺陷数/该项需求的测试用例总数（或者功能点总数）

如果发现过多的缺陷集中在某项需求上，则要对需求进行分析和评估，然后根据分析结果进行测试调整。例如，该项需求是否过于复杂，该项需求的设计、实现是否有问题，分配给该项需求的开发资源是否不足，等等。需要注意的是，在分析缺陷的分布密度时要考虑缺陷的优先级和严重程度。

（5）缺陷修复质量

缺陷修复质量=每次修复后发现的缺陷数量（包括重现的缺陷和由修复所引起的新

缺陷）

该指标数据可以用来评估开发团队修复缺陷的质量，更重要的是，如果发现修复某项缺陷后，此指标数据值较高，那么测试团队应当及时通知开发部门查找原因，确保软件质量。

6.4 测试执行的结束

微课 6-3
测试执行的结束

测试执行的结束有以下两种情况。

一种是测试达到预期目的后按计划结束；另一种是受到时间进度、资源的限制，测试被迫结束。

一般在测试计划中会明确定义测试执行结束的条件。测试执行结束条件的判定是质量和成本的折中。一般来说，测试执行结束的条件可能如下。

（1）测试已经达到覆盖率的要求

针对不同的测试，要从不同的方面来评估覆盖率。

单元测试：从语句覆盖、代码覆盖方面来评估，例如达到 100%的语句覆盖。

集成测试：从应用程序接口（Application Program Interface，API）、API/参数组合来评估。

系统测试：从功能、用例、用例场景（Scenario）来评估，例如达到 90%的用例场景覆盖。

（2）指定的时间段内没有发现新的缺陷

例如，某企业规定测试执行结束的条件是测试用例执行完毕，且在连续 3 天的测试中没有发现严重程度为重要或以上的缺陷。

（3）基于成本的考虑而结束测试执行

测试执行到一定阶段时，查找潜在缺陷的成本逐渐增大，如果超过了潜在缺陷所引起的代价，则可以结束测试执行。此条件不适用于要求高可靠性的软件，如武器方面的软件、医学设备软件、财务软件等。

（4）项目组达成一致后可以结束测试执行

基于技术、资金、开销等各种因素，项目组（包括管理层和开发、测试、市场销售人员）意见一致，认为可以结束测试执行。

（5）因时间进度、资源的限制必须结束测试执行

此条件一般是为了按计划尽快发布软件，抢占市场，以这种条件结束存在很大的风险，如软件可能存在潜在的严重缺陷，或者已知的缺陷可能还未修复。

6.5 软件缺陷的概念

微课 6-4
软件缺陷概念及其产生

6.5.1 软件缺陷

软件缺陷（Defect/Bug）是计算机软件或程序中存在的会导致用户不能或者不方便完成功能的问题、错误，或者隐藏的功能缺陷。缺陷的存在会导致软件产品在某种程度上不能满足用户的需要。

《软件质量保证流程的 IEEE 标准》（IEEE 729—1983）对缺陷的标准定义：从产品内部看，缺陷是软件产品开发或维护过程中存在的错误、毛病等各种问题；从产品外部看，缺陷是系统所需要实现的某种功能的失效或违背。

在软件的开发和测试过程中，项目组会特别关注软件缺陷的状况，这是因为，一方面，软件缺陷状况是项目质量和状态的重要指示数据，另一方面，越到软件生命周期的后期，修复软件缺陷的成本越高。

常见的软件缺陷如下。

- 功能没有实现或与对应需求的规格说明不一致。
- 界面、消息、提示、帮助不够准确或误导用户。
- 屏幕显示、输出结果不正确。
- 软件无故退出或没有反应。
- 与常用的交互软件不兼容。
- 边界条件未做处理，输入错误数据没有提示和说明。
- 运行速度慢或占用资源过多。

6.5.2 软件缺陷产生的原因

在软件开发的过程中，软件缺陷的产生是不可避免的，“零缺陷”是软件追求的理想，但是软件很难达到这个状态。软件缺陷产生的原因也是多种多样的，软件工程过程中的人、工具等都有可能导致产生软件缺陷，该过程中的每一个环节都有可能产生缺陷。概括来说，其主要原因可以归结为四大类（见图 6-4）。

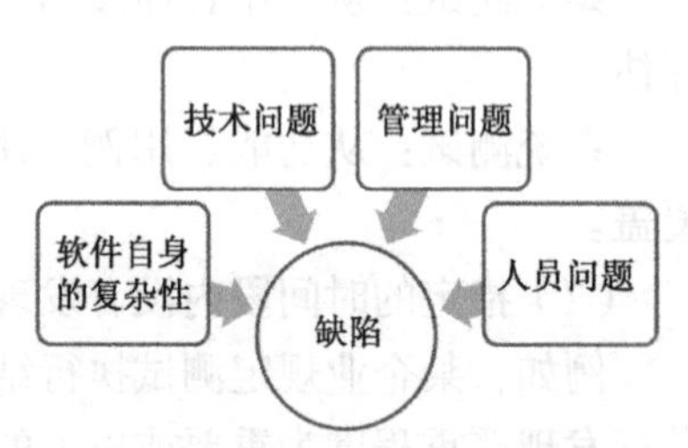

图 6-4 缺陷产生的主要原因

1. 软件自身的复杂性

软件本身无论是在开发期还是运行维护期都具有复杂性和抽象性的特点。在软件真正完成之前，每个人对软件的理解都不完全相同，这种复杂性和抽象性使得软件容易产生缺陷。如软件运行环境的复杂性，除了用户使用的计算机环境千差万别外，用户的操作方式和输入的各种不同的数据也容易产生一些特定用户环境下的软件缺陷。

2. 技术问题

随着软件技术快速发展，用户对软件产品的期望（包括功能、速度、智能性等方面）也是不断提高的。软件在开发期会因为当时的技术水平受限使得某些功能或性能无法达到应用要求，这也会导致软件缺陷的产生。

3. 管理问题

在管理方面，如果软件开发流程不完善，存在太多的随机性，缺乏严谨的评审机制，则容易产生软件缺陷。目前，软件行业对项目管理和软件过程的研究、实践已经有很多成果，比如全流程质量管理、能力成熟度模型集成（Capability Maturity Model Integration，CMMI）模型等软件工程方法和模型。

4. 人员问题

软件团队的人员能力不足也会引起软件缺陷的产生。比如编码人员能力不足，会产生很多算法错误和变量错误，从而导致软件不能正常工作或者性能低下。

6.6 软件缺陷的生命周期

微课 6-5
软件缺陷的生命周期

软件缺陷从被发现开始，会经过 5 个阶段，历经多种状态最终被关闭。对软件缺陷进行状态跟踪管理是缺陷管理的重要内容。软件缺陷的生命周期指的是一个软件缺陷从被发现、报告、验证到被解决、测试直至最后关闭的完整过程。

概括来说，缺陷的生命周期包括报告、验证、解决、测试、关闭 5 个阶段（见图 6-5）。

① 缺陷报告：发现缺陷并报告缺陷，一般是将缺陷输入缺陷管理系统。

② 缺陷验证：项目团队确认缺陷存在，并能复现缺陷。

③ 缺陷解决：修复缺陷。

④ 缺陷测试：确认缺陷是否已经被修复。如果缺陷没有被修复，则循环进行缺陷解决和缺陷测试。

⑤ 关闭缺陷：缺陷得到解决，关闭缺陷使其不再活跃。

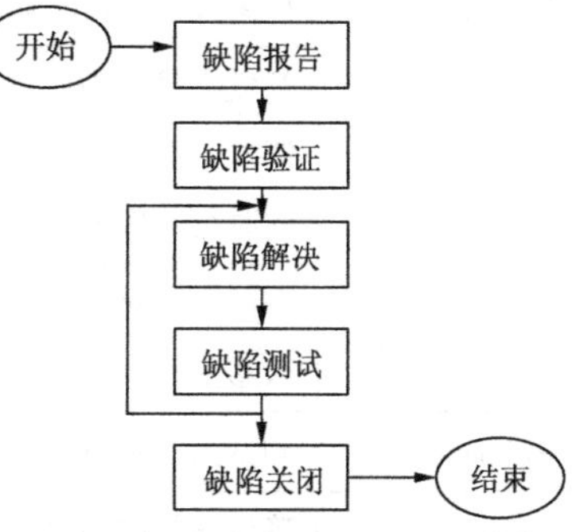

图 6-5 缺陷生命周期的 5 个阶段

缺陷在经过 5 个阶段时，其状态会不断发生变化，缺陷的状态变化见图 6-6，其中详细描述了缺陷的状态变化过程以及引起状态发生变化的事件。

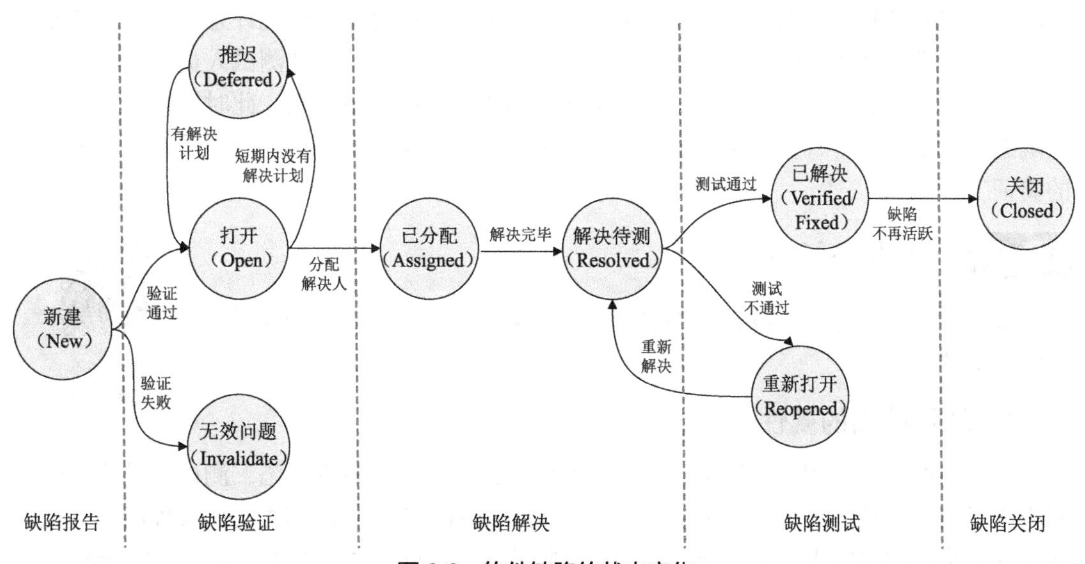

图 6-6 软件缺陷的状态变化

软件缺陷状态描述见表 6-2。需要注意的是，各个企业的软件缺陷状态变化不尽相同。这里给出的状态变化是软件缺陷状态变化的一般情况，有些团队的缺陷状态变化会简单一些，有些会复杂一些。

表 6-2　软件缺陷状态描述

缺陷状态	描　述
New	当缺陷被第一次提交的时候，它的状态即为 New。这也就是说，此时缺陷未被确认是否真正是一个缺陷
Open	在测试者提交一个缺陷后，缺陷验证人员确认其确实为一个缺陷的时候便会把缺陷状态设置为 Open，表示该缺陷还未解决
Assigned	一旦缺陷被设置为 Open，项目负责人会把缺陷交给相应的开发人员或者开发团队。这时，缺陷状态变更为 Assigned
Deferred	缺陷状态被设置为 Deferred，意味着缺陷将会在下一个版本或后续的其他版本中被修复
Invalidate	如果开发人员不认为其是一个缺陷，则会将缺陷状态设置为“无效”或“拒绝”（Reject）
Resolved	开发人员处理完缺陷的时候，将该缺陷的状态改为 Resolved，等待测试人员进行回归测试。开发人员可能通过修改代码来解决问题，也有可能这个问题与其他问题相同，此时会一次解决多个相同的问题，所以开发人员需要在备注中说明清楚解决的方式
Verified/Fixed	测试人员对状态为 Resolved 的缺陷进行回归测试，如果缺陷不再出现，这就证明缺陷被修复了，同时其状态被设置为 Verified/Fixed
Reopened	测试人员在进行回归测试时发现问题没有得到解决，则将缺陷的状态修改为 Reopened
Closed	确认该缺陷通过回归测试后，关闭缺陷，将其状态变更为 Closed

有一个实际工作中的问题需要特别说明，即缺陷的验证问题。在缺陷状态变化图中，新建缺陷后有一个验证的过程，这是因为在实际测试工作中往往有多个人甚至多个角色向缺陷库中输入缺陷。比如，某企业除了测试人员输入缺陷之外，还允许开发人员、技术支持人员、软件产品代理商向缺陷库中输入缺陷，这些人员往往不如测试人员经验丰富，可能因为理解问题的角度不同或者对软件不熟悉而输入一些无效缺陷，此时就需要对新建的缺陷进行验证。也有一些团队由于输入缺陷的都是经验丰富的测试人员，因此不开展缺陷的验证工作。

6.7　软件缺陷的报告

缺陷报告的质量对后续缺陷的管理有很大影响，所以要确保缺陷报告的质量较高。

微课 6-6
软件缺陷的报告

6.7.1　软件缺陷的属性

为了方便引用、理解、解决、测试、回归、跟踪、分析软件缺陷，测试人员为软件缺陷定义了很多属性，如标题、解决人、报告人、缺陷状态、功能模块、严重程度等。这些属性并不是在缺陷输入时全部指定的，而是随着软件缺陷的流转根据需要不断完善的。

1．完整的缺陷报告应该包含的内容

一般情况下，一个完整的缺陷报告应该清楚地描述缺陷的症状和其他基本信息（见

表 6-3)。不同的团队根据缺陷管理的需要使用不同的缺陷属性，还可以加入关于缺陷的复现性、代码的审核、产品化等方面的要求。

表 6-3 完整的缺陷报告应该包含的内容

序号	属性项	是否必须	说明
1	标题	是	缺陷的标题，应该尽量精练
2	关键字	是	识别缺陷的关键字，用于搜索、消重等
3	功能模块	是	缺陷的功能性分类，要结合具体的软件特性来定义，一般按照功能模块划分，如安装卸载问题、帮助文档问题、输出问题等
4	缺陷状态	是	用于缺陷的跟踪，描述缺陷的状态，如新建、解决待测、已解决等
5	问题复现步骤	是	复现问题的具体步骤
6	期望结果	是	操作的期望结果（正确结果）
7	实际结果	是	操作的实际结果
8	附件	否	附加的文件、图片和录制的可播放文件
9	版本号	是	发现缺陷时的产品版本号（大部分产品都是不断升级维护的，而且是不同的版本使用同一个缺陷库）
10	优先级	是	问题解决的优先级，处理和修复软件缺陷的先后顺序的指标，一般分为 4 个级别
11	严重程度	是	问题的严重程度
12	分类	否	缺陷的特征分类，可以根据团队需要特别关注的类别进行划分，如效率问题、死机问题、易用性问题、兼容性问题等
13	客户信息	否	列出反馈该问题的一个或多个客户的相关信息，方便对客户进行支持
14	报告人	是	报告缺陷的人员，通常由缺陷系统根据账号自动生成
15	解决人	否	一般是缺陷报告提交后由项目经理指定一个解决问题的开发人员
16	报告时间	是	报告提交的时间，一般由系统自动生成

在表 6-3 列出的属性项中，优先级和严重程度是两个重要的属性项，对后续缺陷的解决以及缺陷分析都有重要的意义，在报告缺陷的时候要给出正确的选项。

2. 软件缺陷的优先级划分

优先级是处理和修复软件缺陷的先后顺序的指标，即表明哪些缺陷需要优先修复，哪些缺陷可以稍后修复。其划分具有通用性，通常情况下划分为最高、较高、中等、低 4 个级别，当然这不是绝对的，具体可以见表 6-4。

表6-4 软件缺陷优先级的4级划分

级 别	描 述
1——最高优先级	主要指软件的核心功能错误，或者造成软件崩溃、数据丢失的缺陷
2——较高优先级	影响软件功能和性能的一般缺陷
3——中等优先级	对软件质量影响不大的缺陷
4——低优先级	对软件的质量影响非常轻微或出现概率很低的缺陷

理论上来说，在确定软件缺陷的优先级时，更多是站在开发人员的角度考虑问题，因为缺陷的修复是一个复杂的过程，有些不是纯粹的技术问题，而且开发人员更熟悉软件代码，能够比测试人员更清楚修复缺陷的难度和风险。但是实际上，企业在确定缺陷优先级时并不只站在开发人员的角度，而是从解决缺陷的难度、缺陷对产品销售的影响、客户的重要性等方面综合考虑确定的。

3．软件缺陷的严重程度划分

严重程度代表缺陷对软件质量的破坏程度，即此软件缺陷的存在将对软件的功能和性能产生怎样的影响。在软件测试中，软件缺陷严重程度的判断应该从软件最终用户的角度出发，即判断缺陷的严重程度考虑缺陷对用户造成的后果的严重程度。

微课6-7
缺陷的优先级和严重程度（动画）

严重程度的划分也具有通用性，见表6-5，级别从4到1严重程度递增。

表6-5 软件缺陷严重程度的划分

级 别	描 述
4——轻微（Trivial）	软件产品的小缺陷，如词语拼写错误、控件没有对齐、控件相互遮挡等，不影响用户完成工作
3——中等（Medium）	重要但是不会导致不能完成工作，用户可以绕过，但会影响效率
2——重要（Major）	核心功能缺失或不能正常工作，导致用户无法完成工作
1——严重（Critical）	导致死机、无反应、数据丢失、严重的内存泄漏等问题

4．软件优先级和严重程度的关系及区别

严重程度和优先级是软件缺陷的两个重要属性，它们会影响软件缺陷的统计结果和修复缺陷的优先顺序，特别是在软件测试的后期，将影响软件的按期发布。对于没有经验的测试人员来说，应该学习并理解它们的作用，还要学习判断和处理方式。如果在实际测试工作中不能正确表示缺陷的严重程度和优先级，将影响软件缺陷报告的质量，不利于尽早处理严重的软件缺陷，可能延误软件缺陷的处理时机。一般在测试人员的入职培训中会培训这部分内容。

缺陷的严重程度和优先级是含义不同但联系密切的两个概念。它们都从不同的侧面描述了软件缺陷对软件质量和最终用户的影响程度及其处理方式。

一般来说，严重程度为重要或严重的软件缺陷具有较高的优先级，这类缺陷对软件造成的质量危害性大，需要优先处理，而严重程度为轻微或中等的缺陷可能只会使软件不太完美，可以稍后处理。

但是，严重程度和优先级并不总是一一对应的。有时候，重要或严重的软件缺陷，优先级不一定高，甚至不需要处理，而一些严重程度为轻微或中等的缺陷却需要及时处理，具有较高的优先级。软件缺陷的处理不是纯技术问题，有时需要综合考虑市场情况和质量风险等因素。

- 如果某个严重的软件缺陷只在非常极端的条件下产生或者出现概率极低，则没有必要马上解决。
- 如果修复一个软件缺陷需要重新修改软件的整体架构，可能会产生更多潜在的缺陷，而且软件由于市场的压力必须尽快发布，此时即使是严重的缺陷，也不一定需要立刻解决。
- 有时软件缺陷的严重程度为轻微或中等，但是由于是重要客户的软件缺陷，此时必须尽快解决。又或者虽然是界面词语拼写错误，但是其属于软件名称或公司名称的拼写错误，则必须尽快修复，因为这关系到软件和公司的市场形象。

6.7.2　软件缺陷报告典型模板

团队在开展测试工作时会根据团队管理和产品的实际需要定义缺陷的字段，少则六七个，多则可达 20 个。

图 6-7 所示为 ALM 中新建缺陷时需要填写的缺陷基本信息模板，该模板包括比较多的缺陷字段。

图 6-7　ALM 缺陷基本信息模板

表 6-6 所示为某企业用 Excel 设计的软件缺陷报告模板，该模板包括缺陷的一些基本字段。

表 6-6　某企业用 Excel 设计的软件缺陷报告模板

××软件-缺陷报告						
编号	模块名称	摘要	描述	严重程度	提交人	附件说明
1	登录模块	在登录页面输入带小数点的用户名，登录不应该出现 400 错误	浏览器：Edge。 步骤复现： ① 打开登录页面； ② 输入一个带小数点的用户名进行登录； ③ 其他输入框正确输入。 预期结果： 弹出错误提示信息。 实际结果： 出现 400 错误	严重	林**	
……	……	……	……	……	……	……

6.7.3　如何撰写一个好的软件缺陷报告

微课 6-8
如何撰写一个好的缺陷报告

软件缺陷报告（记录）的质量对软件缺陷的管理至关重要，在缺陷的处理过程中会有比较多的人（如项目经理、解决人员、测试人员等）浏览缺陷信息，如果缺陷描述不清楚，沟通的成本就会提升，缺陷报告者也会陷入不断解释缺陷的烦恼中。

软件缺陷报告要遵循以下 5C 原则。

- Correct（准确）：每个组成部分的描述都要准确，不会引起误解。
- Clear（清晰）：每个组成部分的描述都要清晰，易于理解。
- Concise（简洁）：只包含必不可少的信息，不包括任何多余的内容。
- Complete（完整）：包含复现该缺陷的完整步骤和其他本质信息。
- Consistent（一致）：按照一致的格式书写全部缺陷报告。

根据实际实践经验，要提高缺陷输入的质量可以从以下几方面着手。

1. 明确缺陷的阅读者

缺陷的编写者要始终记住缺陷的阅读者是谁，一般来说，缺陷的阅读者有以下几类。

- 解决缺陷的人：此类人员需要了解缺陷的详细复现步骤以及操作的结果，缺陷编写者需要明确写明自己做了什么，看到了什么。
- 决定缺陷要不要解决的人：此类人员一般只浏览缺陷的标题，预估缺陷的风险，并决定要不要即时解决。
- 回归和测试缺陷的人：此类人员与解决缺陷的人有相同需求，需要知道缺陷的详细情况。
- 缺陷分析者：在对缺陷进行分析时，缺陷分析者会采集缺陷的基本信息，如严重程度、优先级等。

2. 为缺陷选一个好的标题

缺陷的标题有以下作用。

- 搜索缺陷时会用到缺陷的标题。
- 考察缺陷的风险程度也要依据缺陷的标题。

因此，缺陷的标题应该方便搜索，同时能表达出重点，要简练、精确。

3. 写清楚缺陷复现的步骤和结果说明

一般情况下，缺陷的主体包括 5 个方面：特殊环境说明（非必须）、复现步骤、实际结果、期望结果、对缺陷的其他描述。

（1）特殊环境说明

这部分不是必需的。有些缺陷需要在特定的操作系统下才能复现，需要将复现的特殊环境描述清楚。

（2）复现步骤

描写缺陷复现步骤要注意以下方面。

- 要保证每个步骤都是必要的，不要添加多余的、对缺陷复现没有用的步骤。
- 描述清楚步骤中需要特别注意的地方，特别是会影响缺陷复现的注意点。
- 描述时不要使用拗口、难懂的长句（特别是那些还要先进行语法分析才能弄明白主、谓语的句子），不要添加不必要的形容词和副词（过多的修饰语会淹没句子真正的意思），尽量使用简单、明了的短句。

这部分描述可以借助图片和录制音、视频进行辅助说明。

（3）实际结果

软件产品的实际表现，可以用文字或者图片说明。

（4）期望结果

期望的正确结果，可以用文字或者图片说明。

有时候，实际结果和期望结果没有必要区分开，例如，软件死机或者没有响应等问题，只需要说明实际结果就可以了。

（5）对缺陷的其他描述

对缺陷的其他描述主要是对缺陷的进一步定位和分析，为开发人员提供更多信息。

4. 进一步对缺陷进行定位

进一步对缺陷进行定位，描述缺陷的原因和影响，而不只是缺陷的表现。这需要对缺陷进行进一步分析，因为测试人员对代码的了解有限，所以具体分析深度是由缺陷本身的内容和测试人员的能力来决定的，弹性比较大。

缺陷的表现只是表面的现象，每个缺陷都有其深层本质，这是一个透过现象看本质的过程，“现象”是看到的软件表现，“本质”是要去需求中寻找的，明确是哪里不符合需求。测试人员应该尽量定位并分析缺陷，给开发人员足够的信息，同时节省开发人员在解决缺陷前观察缺陷表现的时间。例如，测试人员发现软件中的文字乱码，则可以查看一下该文字使用的字体是什么，系统中是否存在相应的字体文件。

5. 注意对缺陷进行区分

输入缺陷的时候要注意对缺陷进行区分，准确地给出优先级、严重程度等信息，不同类别的缺陷在处理上有很大的区别。

6. 使用术语要规范

因为缺陷不是写给自己看的，所以缺陷报告中用到的术语要规范、通用。尽量不用测试人员惯用的术语，避免开发人员看不懂，更不能出现除了自己别人都不明白的词语。规范的术语和说法可以参考软件的帮助文档和相应产品术语规范文档。

7. 要善于利用图片、视频对问题进行辅助描述

除了利用文字这个最基本的工具之外，要善于利用图片（见图 6-8）和视频来辅助对问题的描述。图片可以利用屏幕截图工具获取，视频则可以利用专门的屏幕录制软件获取。由于录制软件播放速度比较慢，因此如果不是特别不易说明的问题，不建议使用过多。利用图片辅助描述的时候，为了方便对比，正确结果和错误结果可以放在同一幅图中。

图 6-8 缺陷的截图

8. 附件应该尽量精简，并且命名准确

附件一般以缺陷号命名，如果有多个附件，则依次为 Bug#_1.docx、Bug#_2.xlsx 等。附件如果是图片，则可以用有意义的名字命名，如 Bug#_ERROR.bmp、Bug#_RIGHT.bmp。

9. 描述清楚缺陷发现时的版本等基本信息

由于版本不断地更新，代码的修改也是互相关联的，有时一个缺陷可能因为别的代码的修改而被修复。如果版本信息不明确，那么缺陷解决者在解决缺陷时就要花费比较多的时间去确认缺陷所在的版本。所以一定要描述清楚缺陷发现时的版本，让缺陷解决者能针对性地解决缺陷，在需要的情况下还要说明操作系统等运行环境信息。

下面是关于软件缺陷报告的案例分析。

1. 企业案例分析一：缺陷描述

描述 1：打开文件，文字显示乱码。

描述 2：打开文件，文字字体样式正确，字体库中存在字体文件，并且文字的内容正确，但是显示为乱码。

描述 3：打开文件，简单的几个文字居然显示错误。

分析如下。

描述 1 完全不能定位是什么缺陷，是字体不存在，还是字体样式有问题，又或者是读取文件时字符串内容出错了，这会让人产生一系列疑问。

描述 2 则不会让人产生上述疑问，它描述得非常清楚，指明了在读取文件的时候没有任何问题，是在显示文字的时候出现了问题，如果描述能再精练一些则更好。

描述 3 不但描述不清楚，而且附带了过多的个人情绪。

2. 企业案例分析二：缺陷标题提炼

缺陷事实描述如下。

因为网络故障，客户端与授权服务器断开后保存文件，从“文件”菜单退出软件，软件死机。如果不保存文件或者不从“文件”菜单退出，则不会死机。

标题提炼如下。

① 客户端断开授权后，退出软件时死机。

② 客户端断开授权后，保存文件，再通过“文件”菜单退出软件，软件死机。

③ 软件死机。

④ 客户端断开授权后的问题。

⑤ 客户端断开授权后，软件死机。

⑥ 客户端断开授权后，软件应该能关闭。

⑦ 客户端断开授权后，软件起码不应该死机。

⑧ 客户端断开授权后，软件死机，可能是因为断开授权后的保存模块有问题。

分析如下。

以上 8 个标题的描述要么太简单，要么没有写出缺陷的本质部分，其中②是相对比较好的描述。

6.7.4 处理重复缺陷报告

测试项目中，一般是多人共同测试一个系统，这就存在不同的人要报告同一个缺陷的情况。如果缺陷库中录入了大量的重复缺陷，则不利于缺陷的管理和解决。

为了避免缺陷被重复录入，大部分缺陷管理系统主要通过自有功能或安装第三方插件，在缺陷录入者创建缺陷报告时，要求缺陷录入者在录入之前先进行关键字搜索，查看相应的缺陷是否已经录入，如果缺陷在缺陷库中已经存在则不必再录入。

经过如此处理之后，缺陷库中仍然可能存在重复缺陷，特别是有些缺陷在表现上不同，在本质上却是同一个缺陷。开发人员在解决问题的时候，如果发现要解决的缺陷与另一个缺陷实际是同一个缺陷，则要在缺陷备注中说明清楚。因此，开发人员在通过修改代码来解决缺陷时，有可能这个缺陷与其他缺陷相同，实现了一次解决了多个相同的缺陷。

实际工作中，即使两个缺陷本质上是同一个缺陷，缺陷录入者在录入缺陷时使用的描述方式、提供的信息也不尽相同。有时缺陷的描述难免偏颇或者信息不够全面，因此有些缺陷管理系统允许录入者对已经存在的缺陷进行补充说明，使得缺陷更加完善。例如，测试人员 A 发现“使用正确的用户名和密码登录时，登录失败。”，测试人员 B 也发现了这个缺陷，但是由于 A 已经录入了这个缺陷，B 不能再录入一次，但是 B 浏览 A 录入的缺陷后可以对其进行信息补充，如“登录失败，服务器返回错误号 500。”

众包测试是依托新一代互联网技术衍生的全新测试服务业态，变革了传统的测试服务模式，利用共享经济的特征，聚合资源形成规模效益。众包测试将被测系统公开给众包测试人员，众包测试人员测试并录入发现的缺陷。相比传统测试的模块分工，众包测试产生的重复缺陷更多，考虑到一个众包测试人员录入的缺陷可能信息不够完善，面对众包测试产生的大量相同或相似缺陷，也有研究人员提出了自动聚合的思路，用算法融合多份相似的缺陷报告，从而得到一个更加准确的缺陷报告。

举一个简单的例子：测试人员 A 录入缺陷“使用正确的用户名和密码登录时，登录失败。”；测试人员 B 录入缺陷“登录信息正确，服务器返回 500 的错误。”；通过算法融合后得到的缺陷报告可能是“使用正确的用户名和密码登录，服务器返回错误号为 500 的错误。”。当然，实际项目中缺陷更加复杂，缺陷的描述也会图文并茂。但要注意，缺陷的聚合不是简单的文字聚合。

6.7.5 软件缺陷管理指南

为了更好地管理软件缺陷，在测试过程中一般会定义详细的软件缺陷管理指南。该指南是缺陷管理的指导性文档，供测试人员学习、参考。

一般情况下，在缺陷管理指南中要定义以下内容。

- 缺陷的字段属性定义。
- 缺陷报告的模板。
- 缺陷的优先级和严重程度定义。
- 缺陷的状态以及状态变化定义。
- 其他缺陷管理规定。

6.8 软件缺陷的统计分析

微课 6-9
缺陷的统计分析

软件缺陷作为软件质量的重要指示变量，对其进行统计分析可明确软件的质量情况，帮助管理者进一步做出决策。例如，软件产品发布后根据缺陷的反馈结果评估产品在市场上的情况。这里给出几种常见的缺陷分析指标和分析图。

1. 缺陷的数量变化趋势分析

缺陷数量的整体趋势应该是随着时间的推移先增后降的，单位时间（每天或每周）内新发现缺陷的数量也应该是越来越少的，后期趋近于 0。

如果统计发现未遵循规律，则可能是某环节出了问题，或是新修改的代码引入了更多缺陷，也可能是前期的测试有遗漏，从而导致缺陷增多。图 6-9 所示为某产品每周新增缺陷的统计。

2. 缺陷的功能模块分布分析

缺陷的功能模块分布是指根据产品的功能模块统计缺陷的数量或所占比例（见图 6-10）。注意，图 6-10 中根据需要已经将模块具体名称改为模块编号。根据缺陷分布的二八原则（80%的缺陷分布在 20%的模块），发现缺陷越多的模块，其隐藏的缺陷也更多，可以对缺陷较多的模块投入更多的测试资源。

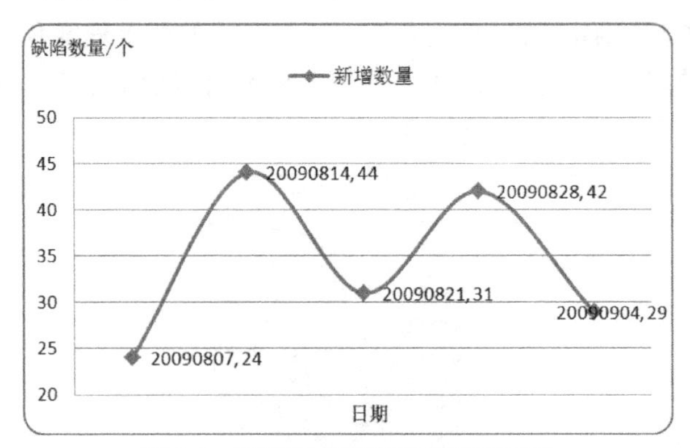

图 6-9　某产品每周新增缺陷的统计

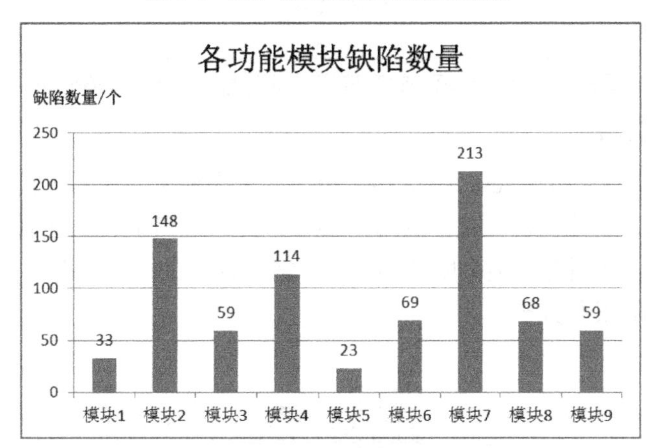

图 6-10　某产品各功能模块的缺陷数量

对于缺陷较多的模块，要从其需求、设计、编码等方面分析并查找原因，再采取相应的措施。

3. 缺陷状态分析

在测试报告中，要给出目前缺陷的整体状况，对缺陷的状态进行分析，特别要对尚未解决的、严重影响产品质量的缺陷进行说明。具体案例可见图 6-11。

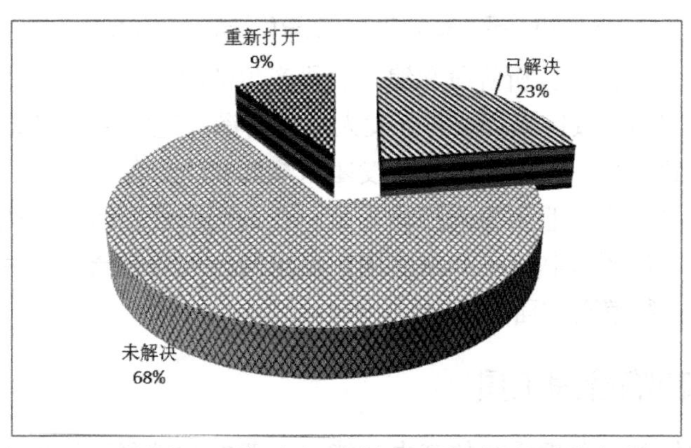

图 6-11　某产品系统测试用例执行完毕时的缺陷状态分析

4. 缺陷严重程度分布

产品的质量除了与缺陷的数量有关之外，还与缺陷的严重程度有关。一般情况下，重要以及以上级别的缺陷应该比较少，中等以及以下级别的缺陷比较多。图 6-12 所示为某产品第一轮系统测试发现的缺陷的严重程度分布。

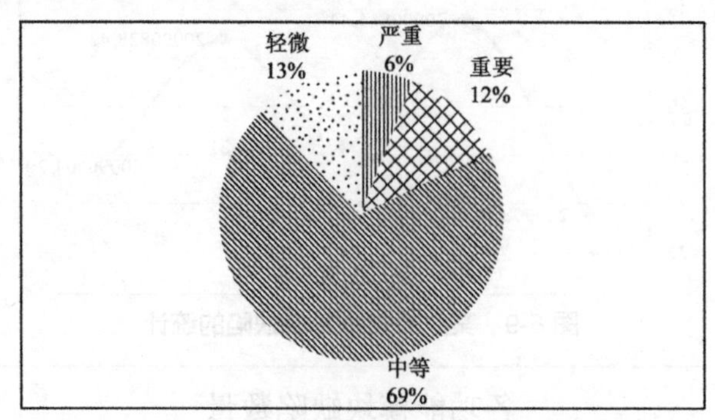

图 6-12　某产品第一轮系统测试发现的缺陷严重程度分布

5. 缺陷根源分析

缺陷的根源分析（Root Cause Analysis，RCA）是在测试结束后分析缺陷是在软件开发的哪个环节引入的，据此发现开发中的薄弱环节，并通过培训、加强制度建设等方法改善该环节的工作质量，从而提升整个团队的能力，减少缺陷的产生。图 6-13 所示为某产品系统测试结束后缺陷的根源分析。

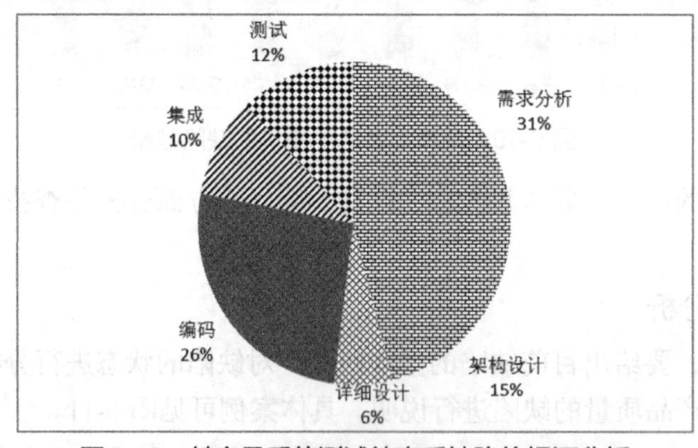

图 6-13　某产品系统测试结束后缺陷的根源分析

根据图 6-13 可知，需求分析阶段和编码阶段产生的缺陷最多。通过分析发现，这一方面是因为该产品的应用领域比较特殊，开发人员没有深入理解用户需求，导致需求不明确或与用户需求不一致；另一方面，由于开发团队规模扩大，新补充了一批应届毕业生，这些应届毕业生编码经验不足，在编码阶段引入了代码方面的缺陷。据此，该团队制订了严格的用户需求开发和管理流程，并对团队新补充人员进行编码方面的培训。

6.9 软件缺陷管理工具

缺陷管理是软件测试管理系统的基本功能，一般的软件测试管理系统都含有缺陷管理模块，如 ALM、禅道等；市场上也有专门的、免费开源的缺陷管理系统，如 Bugzilla、BugFree、BugZero 等；目前还出现了一些可以直接在线使用的缺陷管理系统，如 EasyBug。缺陷管理系统一般都具有简单的分析和统计功能，能直接生成相应的统计报告。小规模的团队也经常使用 Excel 来管理缺陷，但是 Excel 不利于多人协同工作。

工具是理论的载体，只有理解了理论才能灵活运用工具。一般的缺陷管理系统有如下功能。

- 跟踪缺陷。
- 添加缺陷。
- 修复缺陷。
- 关联缺陷和测试用例。
- 统计、分析功能。

6.10 实践任务 6：执行测试并提交缺陷报告

【实践任务】

① 根据测试计划和已经完成的测试用例开始测试的执行，提交测试用例执行结果文档，文档以“第 × 组-项目名称-测试用例执行结果”的方式命名。

② 监控测试执行进度和产品质量。

③ 及时记录发现的缺陷，缺陷报告文档以“第 × 组-项目名称-缺陷报告”的方式命名。

【实践指导】

① 用工具管理测试执行的任务（禅道、ALM、Excel 或其他工具）。

② 用工具管理测试缺陷（禅道、ALM、Excel 或其他工具）。

多人共同测试一个系统，就存在不同的人要报告同一个缺陷的情况。现有的缺陷管理系统主要通过自有功能或安装第三方插件，在缺陷录入者创建缺陷报告时，基于关键字检索来扫描是否存在重复报告，并提示缺陷录入者过滤、筛选报告。如果存在重复报告则不允许创建新的报告。有些缺陷管理系统允许缺陷录入者在原有的报告上做一些补充说明。随着大数据与人工智能等新兴技术的出现，目前很多专家已经提出了检测重复或相似报告的方法，例如，基于纯粹自然语言技术处理、信息检索技术处理、机器学习技术处理等方法。

6.11 工单示例：执行测试并记录缺陷

【任务描述】

根据选定的被测软件，选取 1~2 个功能模块或者某个质量属性（性能效率测试、可靠性测试等）开展测试执行；实事求是地记录发现的缺陷报告等数据；对缺陷报告进行统计分析，评价被测软件；总结测试执行过程中遇到的问题及解决方法，积累经验。

【知识准备】

[引导]自主学习软件缺陷的概念以及产生的原因，结合自己的经验、查阅的资料、讲解视频，写出 3~5 条可能导致产生缺陷的原因：

（1）______________________________

（2）______________________________

（3）______________________________

（4）______________________________

（5）______________________________

[引导]通过资料查阅和讲解视频，画出缺陷的一般生命周期图，并解释缺陷的状态。

（1）生命周期图：

（2）解释生命周期图中缺陷的状态

缺陷状态	描　述

[引导]根据你的理解，说一说在撰写缺陷报告的时候都要注意哪些事项。

____

____

____

[引导]讨论：通过软件客户端提交到服务器的文件不能正确打开，请问这是一个缺陷吗？

____

____

____

【任务准备】

[引导]填写被测软件的基本信息

选择的被测软件		选择的功能模块	
执行人员		所属小组	
执行开始日期		执行结束日期	
计划执行用例数		预计工时（小时）	

[引导]测试执行就绪条件检查单填写

______________模块测试执行就绪条件检查		
编号	检查项	检查结果
1	被测软件就绪且符合要求	□是；□否（原因______________）
2	测试所需要的设备、设施和环境准备就绪	□是；□否（原因______________）
3	测试执行的人员已经到位	□是；□否（原因______________）
4	测试环境搭建完成且符合要求	□是；□否（原因______________）
5	测试用例已经完成并经过确认	□是；□否（原因______________）
6	其他______________	□是；□否（原因______________）
7	测试人员承诺： 实事求是进行测试记录，尊重数据。 承诺人签字：______________	

检查结论：

□通过，可以开始执行测试；

□不通过，需要解决以下问题：______________________________

检查小组签字：

日期：

【任务实施】

[引导]选择一个功能模块，执行测试用例并记录缺陷报告。

<table>
<tr><th colspan="6">软件缺陷报告单 001</th></tr>
<tr><td>缺陷编号</td><td colspan="2"></td><td>项目编号</td><td colspan="2"></td></tr>
<tr><td>所属模块</td><td colspan="2"></td><td>需求追踪</td><td colspan="2"></td></tr>
<tr><td>用例编号</td><td colspan="2"></td><td>影响版本</td><td colspan="2"></td></tr>
<tr><td>缺陷类型</td><td>□ 功能缺陷</td><td>□ 性能效率</td><td>□ 易用性</td><td>□ 可靠性</td><td>□可移植性</td></tr>
<tr><td>缺陷等级</td><td colspan="5"></td></tr>
<tr><td>缺陷标题</td><td colspan="5"></td></tr>
<tr><td colspan="6">缺陷描述：

前提条件：

操作步骤：

期望结果：

实际结果：</td></tr>
<tr><td>测试人</td><td colspan="2"></td><td>测试日期</td><td colspan="2"></td></tr>
</table>

拓展微课
测试缺陷两种模板

[引导]使用工具管理测试缺陷（可选）

（1）将发现的缺陷录入到缺陷管理系统。

查阅资料，了解并列出市场上主流的缺陷管理工具：________________

你选择的缺陷管理工具是：□ALM；□Jira；□禅道；□其他________________

录入的缺陷数量：__________

（2）利用缺陷管理系统对缺陷进行分析统计。

列出能用工具生成的统计图：________________________________

[引导]测试缺陷数据统计

______模块缺陷统计表									
缺陷等级	首轮测试缺陷数	缺陷比例	缺陷类型					已修复缺陷	遗留缺陷
			功能性	性能效率	易用性	可靠性	可移植性		
严重缺陷（1级）									
重要缺陷（2级）									
中等缺陷（3级）									
轻微缺陷（4级）									
合计									
软件缺陷等级比例								—	—

[引导]测试结论填写

（1）测试计划中制订的测试通过准则：______

（2）基本数据：本次测试共设计用例______个，实际执行用例______个，本次测试共发现缺陷______个，其中 1 级缺陷______个，占比______；2 级缺陷______个，占比______；3 级缺陷______个，占比______；4 级缺陷______个，占比______。

（3）根据测试通过准则，在本次测试的测试环境中，______模块（□通过；□不通过）测试。

（4）对______模块的评价或建议：______

[引导]测试过程分析

（1）设计的测试用例数和实际执行测试用例数是否一致，如果不一致请分析原因。

□是；□否（原因______）

（2）计划工时与实际工时相差百分比:______（计算方法：（实际工时-计划工时）/计划工时）

计划工时与实际工时是否一致，如果不一致请分析原因。

□是；□否（原因______）

（3）遇到的其他问题以及解决方法：

______

______

（4）总结本次任务完成过程中的优点和不足：

______

______

【任务质量检查】

执行测试并记录缺陷 任务质量表，检查每项总分（5 分）				
编号	检查项	自评	师评	检查记录
1	任务整体完成度			
2	任务工作量是否饱满			
3	知识准备是否到位			
4	任务记录是否详细且完整			
5	结论和过程分析是否到位			
6	缺陷报告格式是否规范			
7	缺陷报告描述是否清晰			
总分（按照百分制）				综合评价结果： □优；□良；□中；□及格；□不及格

问题与建议：

指导老师签字：　　　　　　　　日期：

理论考核

学号：________ 姓名：________ 得分：________ 批阅人：________ 日期：________

一、单项选择题（本大题共 9 小题，每小题 8 分，共 72 分。每小题只有一个选项符合题目要求）

1．功能测试执行过后一般可以确认系统的功能缺陷，功能缺陷的类型包括（　　）。

①功能不满足隐性需求　　②功能实现不正确

③功能不符合相关的法律法规　　④功能易用性不好

A．①　　B．①②③　　C．②③④　　D．②

2．缺陷探测率是衡量一个公司测试工作效率的指标。在某公司开发一个软件产品的过程中，开发人员自行发现并修复的缺陷数量为 80 个，测试人员 A 发现的缺陷数量为 50 个，测试人员 B 发现的缺陷数量为 50 个，测试人员 A 和测试人员 B 发现的缺陷不重复，客户反馈缺陷数量为 50 个，则该公司针对本产品的缺陷探测率为（　　）。

A．56.5%　　B．78.3%　　C．43.5%　　D．34.8%

3．（　　）是导致软件缺陷的最大原因。

A．《软件需求规格说明书》　　B．设计方案

C．编写代码　　D．测试计划

4．缺陷管理中，缺陷的状态为 Fixed 表示（　　）。

A．新建　　B．打开　　C．拒绝　　D．已解决

5．缺陷管理中，缺陷的状态为 Rejected 表示（　　）。

A．新建　　B．打开　　C．拒绝　　D．已解决

6．导致产生软件缺陷的原因有很多，①～④是可能的原因，其中最主要的原因包括（　　）。

①《软件需求规格说明书》编写得不全面、不完整、不准确，而且经常更改

②《软件设计说明书》

③软件操作人员的水平

④开发人员不能很好地理解《软件需求规格说明书》和沟通不足

A．①②③　　B．①③　　C．②③　　D．①④

7．[软件评测师]一条缺陷记录应该包括（　　）。

①编号　　②缺陷描述　　③缺陷级别　　④缺陷所属模块　　⑤报告人

A．①②③　　B．①②　　C．①②③④　　D．①②③④⑤

8．不属于测试人员编写的文档是（　　）。

A．缺陷报告　　B．测试环境配置文档

C．缺陷修复报告　　D．测试用例说明文档

9．一般来说，可复用的构件相对于在单一应用中使用的模块具有较高的质量保证，其主要原因是（　　）。

A．可复用的构件在不断复用过程中，其中的错误和缺陷会被陆续发现，并及时得到排除

B．可复用的构件首先得到测试

C．可复用的构件一般规模较小

D．第三方的构件开发商能提供更好的软件维护服务

二、判断题（本大题共7小题，每小题4分，共28分）

10．测试开始得越早，越有利于发现软件缺陷。（　）

11．在测试执行过程中，可以等测试全部执行完了，再一次性录入软件缺陷。（　）

12．软件测试可以发现所有软件潜在的缺陷。（　）

13．一般情况下，缺陷和用例之间有跟踪关系。（　）

14．一般的测试管理工具不能实现缺陷字段的自定义。（　）

15．缺陷的优先级和严重程度是完全一致的，严重程度低则优先级一定低。（　）

16．缺陷的根源分析分析缺陷是在软件开发的哪个环节引入的，据此发现开发中的薄弱环节，后续对相应的环节进行加强。（　）

任务 7 分析并编写测试报告

分析并编写测试报告是测试过程的重要环节，本任务主要讲述测试报告的主要内容以及典型模板。

学习目标

- 掌握测试报告的主要内容。
- 能够完成日常型测试报告和总结型测试报告的编写。

素养小贴士	**职业精神** 职业精神贵在责任感，敢于担当不逃避是职业精神的核心。“在其位，尽其责”，责任感是做人的灵魂，是立足社会和维护家庭的根本，是一种义务，更是一种工作态度。要成为一名优秀的测试人员，除了有精湛的业务能力，更要有强烈的工作责任感。评测结果和报告是产品评测的最后一个环节，我们应该执行标准、尊重数据和事实，对质量“忠诚”。

7.1 测试报告

7.1.1 测试报告的目的及其种类

微课 7-1
测试报告的目的及其种类

测试报告是把测试的过程和结果写成文档，并对发现的问题和缺陷进行分析，为修复软件存在的质量问题提供依据，同时为软件验收和交付打下基础。

测试报告一般是指测试阶段最后的文档产出物。优秀的测试人员应该具备良好的文档编写能力。测试报告基于测试中的数据采集以及对最终的测试结果的分析。一份详细的测试报告包含足够的信息，能够为决策者提供决策的依据，包括对产品质量和测试过程的评价。

在企业的实际运行过程中，往往并不是只在测试阶段的后期才开始编写测试报告，在测试执行期间也要编写测试报告来说明测试执行情况以及产品质量情况。不过测试执行期间的测试报告在内容和格式上比较简略，可以将其理解为对测试执行监控结果的记录。

为了区分这两种报告，暂且将最终的测试报告称为总结型测试报告，将执行期间的测试报告称为日常型测试报告。

关于日常型测试报告的汇报周期，在软件产品的不同阶段，其周期也不尽相同。一般来说，测试执行阶段的汇报次数更频繁一些。例如，某企业规定在进入测试执行之前，每周或每两周进行汇报即可；进入测试执行后则要每周汇报一次；在产品发布前 2～4 周的关键阶段则需要每天或每两天给出最新的测试情况。

在汇报关系方面，在开发团队内部测试阶段，测试负责人根据自动化测试结果、测试人员测试结果、输入的缺陷状况等信息进行分析、汇总，编写测试报告；在 Alpha 测试和 Beta 测试阶段，测试负责人从技术支持人员、代理商、客户、开发团队等处获得测试信息，进行分析汇总，编写测试报告。

7.1.2 日常型测试报告

微课 7-2
日常型测试报告

日常型测试报告的提交周期不固定，其与当前测试的总周期以及测试所处的阶段有关，有可能是每月、每周、每日。在规定周期时还要注意平衡，不能过度管理，一方面能让有需要的人及时了解测试情况，另一方面又不能让测试人员花费过多时间编写报告。建议将日常型测试报告的周期定义在测试计划中。

如果一个产品需要进行为期 3 个月的系统测试，则可以每两周进行一次测试情况报告；如果测试为期 2 个月，则可以每周进行一次测试情况报告；如果是在非常关键的测试阶段，如集成测试、产品发布前测试等，则可以每日进行一次测试情况报告。

例如，某企业要求测试团队在产品发布前的系统测试的关键阶段提交“每日测试报告”（模板见表 7-1），开发团队根据报告对次日的工作进行调整。每日测试报告主要说明当前影响质量的主要方面、有哪些关键的问题、目前测试进度情况、遇到的问题和需要获得的帮助。每个企业的报告内容大同小异。

表 7-1 某企业在系统测试关键阶段的“每日测试报告”模板

报告日期：YYYY-MM-DD

报告人：

1．质量改进建议

[按照严重程度、影响程度列出当前需解决的问题]

2．重点关注：“重要”及以上级别的缺陷

[列出迄今为止未解决的“重要”及以上级别的缺陷，按照发现日期倒序排列，以便实时监控缺陷状态]

缺陷编号	标题	严重程度	解决人	发现日期

3．各测试任务的进展情况以及对测试对象的整体评价

[列出各个测试任务的进展情况，并给出迄今为止对测试对象的整体评价]

测试任务	测试负责人	进度描述	质量评价	改进建议
输出功能测试		30%，符合计划	功能方面没有大的问题，性能方面存在占用内存资源过多的问题	尽快解决占用内存资源过多的问题
……				

续表

4．问题与解决

[列出目前遇到的影响进一步工作的问题，包括管理、技术、内外部沟通等方面的问题，以及希望获得的帮助]

表 7-2 所示为某产品系统测试每日测试报告的实际样例，在报告中要突出显示开发团队和测试团队要关注的重点内容。

表 7-2 某产品系统测试每日测试报告的实际样例

报告日期：2023-09-13

报告人：赵**

1．质量改进建议

- 今天新编译的版本在稳定性和速度上均比昨天差，建议查看昨天提交的代码，尽快找到原因。
- 正确性测试方面，文字显示错误突出，希望尽快解决。

2．重点关注："重要"及以上级别的缺陷

[列出迄今为止未解决的"重要"及以上级别的缺陷，按照发现日期倒序排列，以便实时监控缺陷状态]

缺陷编号	标题	严重程度	解决人	发现日期
84				
93				
……				

3．各测试任务的进展情况以及对测试对象的整体评价

[列出各个测试任务的进展情况，并给出迄今为止对测试对象的整体评价]

测试任务	测试负责人	进度描述	质量评价	改进建议
稳定性测试	赵**	符合进度	● 今天的版本稳定性比昨天差一些 ● 稳定性缺陷库中有 25 个缺陷未解决，今天新输入 20 个（6 个已解决，8 个已合并） ● 关于自动化测试产生的异常报告，消除重复后提交到 svn 目录，不可复现的缺陷 9 个 异常报告的 svn：http://****	建议优先解决缺陷：84、93、123

续表

续表

测试任务	测试负责人	进度描述	质量评价	改进建议
速度测试	赵**	符合进度	● 与昨天的版本相比，今天版本的速度差一些（综合文档打开速度降低约 70%），与 7.30 版本相比有很大差距 ● 从今天版本与 7.30 版本的速度对比数据发现，很多操作都比 7.30 版本的慢，具体可以参见 http://***.aspx	但是有个别命令测试出来的速度比 7.30 版本的快，测试团队查看一下是不是数据不够典型
测试任务	测试负责人	进度描述	质量评价	改进建议
内存效率测试	赵**	符合进度	与上一个版本的内存效率持平，具体测试结果参见 http://***	
正确性测试	赵**	符合进度	新输入缺陷 63 个，具体参考缺陷库中的相应视图，重点集中在文字的显示方面	优先解决缺陷：1、5、17、27、32、46、117、138、139
内存泄漏测试	赵**	符合进度	今天未开展新的测试	
系统变量测试	赵**	符合进度	今天未开展新的测试	已经测试 274 个（29 个有帮助文档）系统变量，其中，28 个测试失败
缺陷回归测试	赵**	比原进度慢	共 7 210 个缺陷，已经回归 3 324 个（今天回归 707 个），约占总数的 46%； Blocked 125 个，Failed 164 个，此两种缺陷约占已回归量的 8.6%	缺陷回归进度不理想，上午因为版本稳定性略受影响，且发现个别人员一整天只回归十几个缺陷，后续会对其进行严格要求

4．问题与解决

① 目前处于系统测试的关键阶段，希望主管经理在审批请假申请时慎重处理。

② 希望开发部门能快速处理阻碍测试进一步开展的关键问题，同时注意代码质量，尽量避免引入新的缺陷，最近一个阶段的测试出现比较多的缺陷反复。

③ 建议工程部尽快将兼容性测试需要使用的显卡采购到位。

7.1.3 总结型测试报告

总结型测试报告是一个完整的测试任务结束后的总结分析型报告。其主要内容可以分为两大部分：一部分是测试结果、结果分析以及对被测对象的评价（测试报告），另一部分是对测试过程、资源投入的分析，以及对测试活动的分析和改进建议（测试活动总结）。

有些测试流程规定将这两部分内容的报告写在同一个文档中，也有些流程定义测试报告为前一部分的内容，在整个项目结束后再总结后一部分的内容，这里对其不做区分。

不同测试团队的测试报告不尽相同，图 7-1 展示了总结型测试报告的主要内容，每项内容的要点如下。

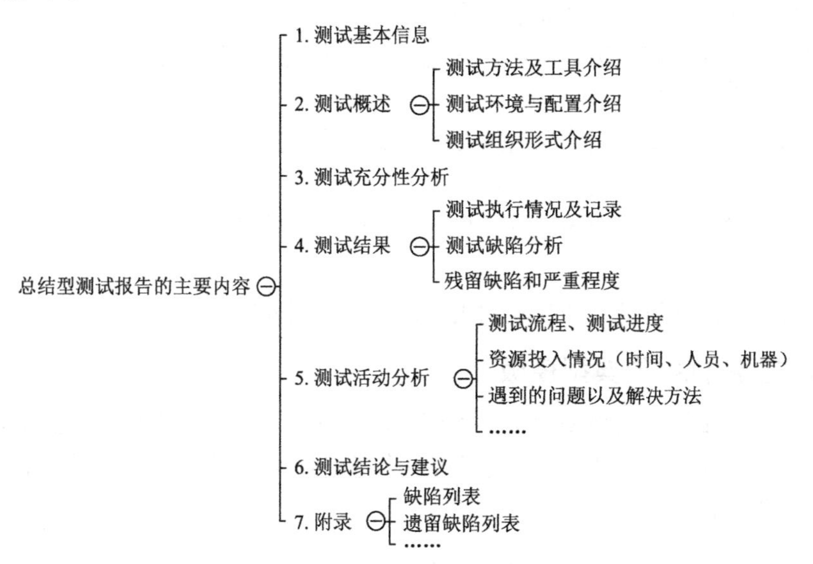

图 7-1 总结型测试报告的主要内容

（1）测试基本信息

其描述测试的背景、委托方、被委托方、日期、测试名称、被测对象、测试目的等内容。

（2）测试概述

测试概述包括测试方法及工具介绍、测试环境与配置介绍、测试组织形式介绍等。

（3）测试充分性分析

其根据测试计划规定的充分性原则对测试做出充分性分析，指出未被测试的特性或特性组合，并说明理由。

（4）测试结果

测试结果主要包括测试执行情况及记录（如测试项、投入的人员、时间、进度等）、测试缺陷分析（如总数量、严重程度分布、密度分布等）、残留缺陷和严重程度。

（5）测试活动分析

这部分主要对测试流程、测试进度、资源投入情况、测试中遇到的问题以及解决方法等内容进行回顾，总结经验。

（6）测试结论与建议

这部分是对上述部分的总结，是经过上述过程和缺陷分析之后所下的结论。此部分为项目经理、部门经理以及高层经理比较关注的内容，应该清晰、扼要地做出结论。

测试结论主要从以下方面描述。

- 测试执行是否充分（可以增加对安全性、可靠性、可维护性和功能性的描述）。
- 是否有对测试风险的控制措施，如果有则其成效如何。
- 测试目标是否完成。
- 测试是否通过。
- 是否可以进入下一阶段的项目。

测试建议方面的内容可以从如下方面考虑。

- 对系统存在的问题进行说明，描述测试所发现的软件缺陷和不足，以及可能给软件实施和运行带来的影响。
- 对可能存在的潜在缺陷和后续要开展的工作的建议。
- 对缺陷修复和产品设计的建议。
- 对测试过程改进方面的建议，如测试各个阶段的时间投入及比例是否合理等。

（7）附录

该测试报告的附加信息，如缺陷列表、遗留缺陷列表等。

7.1.4 总结型测试报告典型模板

关于总结型测试报告的典型模板，不同产品类型、不同团队使用的测试报告模板不尽相同，但是主要内容大同小异。具体模板可以参考附录 4，另外也可以参考 GB/T 8567—88 的测试分析报告模板。

7.2 Alpha 测试与 Beta 测试的执行

7.2.1 Alpha 测试与 Beta 测试的目的

对于开发规模比较大的软件产品，一般在系统测试完成后、产品正式发布之前安排 Alpha 测试和 Beta 测试，目的是从实际终端用户的使用角度对软件的功能和性能进行测试，以发现可能的缺陷。

通过系统测试后的软件产品称为 Alpha 版本（α 版本）。Alpha 测试是指软件开发公司组织内部人员模拟各类用户对 Alpha 版本的产品进行测试。Alpha 测试的关键在于尽可能地模拟用户实际运行环境，以及用户对软件产品的操作方法和方式。

Alpha 测试不能由开发人员或者测试人员来执行，一般由公司内部人员来执行，执行人员包括技术支持人员、销售人员等。实际上也会有终端用户或软件代理商来参与 Alpha 测试。公司往往会将 Alpha 版本的产品推送给软件代理商，在条件允许的情况下也会邀请终端用户来开发中心开展 Alpha 测试。此外，可以根据实际测试的结果安排多次 Alpha 测试。

经过 Alpha 测试的软件产品称为 Beta 版本（β 版本）。Beta 测试是软件的用户在实际使用环境下执行的测试。开发人员通常不在测试现场，Beta 测试不能由开发人员或测试人员完成。比如游戏的公开测试就属于 Beta 测试。一般 Beta 测试通过后就可以正式发布产品了。当然，根据实际情况也可能安排多次 Beta 测试。

Alpha 测试与 Beta 测试都属于测试的一种，它们的特殊性在于测试的组织者和参与者不是专业的测试人员，但是这两个测试都是完整的测试，所以应该遵循测试的一般流程。

Alpha 测试和 Beta 测试的组织情况在各个企业中不尽相同，可能是由测试团队负责的，也可能是由市场部负责的，也有个别企业规定 Alpha 测试由测试团队组织开展，Beta 测试由市场部组织开展。

7.2.2 Alpha/Beta 测试过程

Alpha 测试和 Beta 测试的开展不再依据软件用户需求，而是依据产品说明书，所以测试开展的首要条件是准备好产品说明书。产品说明书说明了产品包含的主要功能，如果是产品的升级版本，则要描述新版本与旧版本的不同。

Alpha 测试或 Beta 测试的开展流程类似（见图 7-2）。

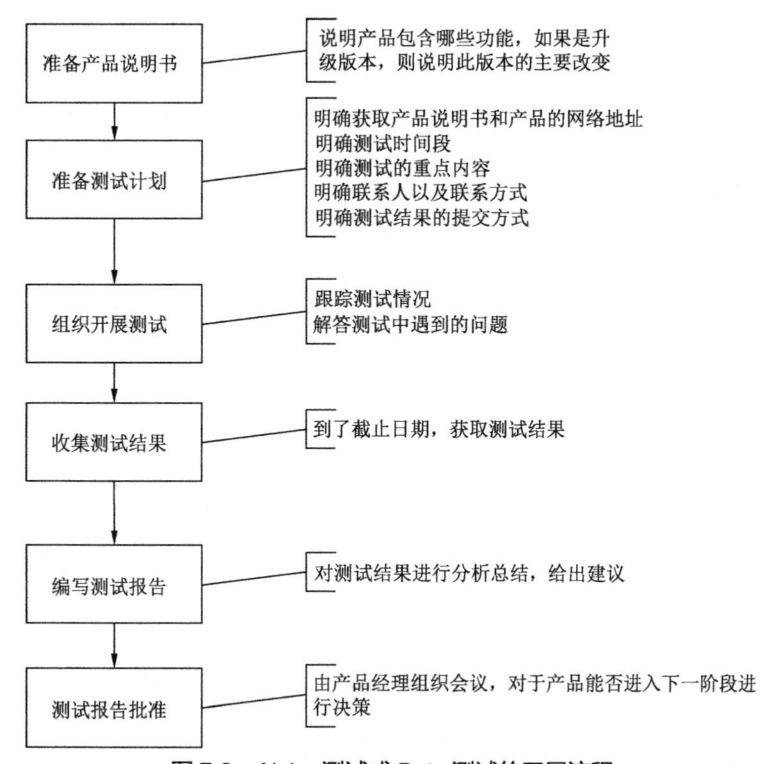

图 7-2 Alpha 测试或 Beta 测试的开展流程

测试计划中需要详细说明获取产品说明书和产品的网络地址、测试的时间段、测试的重点内容、测试结果的提交方式等。一般将 Alpha 测试计划发布在企业内网上，将 Beta 测试计划发布在产品的官方网站上。在测试人员方面，为确保测试质量，在 Alpha 测试之前需要先与各个部门协商，并指定一组参加 Alpha 测试的人员，以便提早预留出 Alpha 测试的时间。Beta 测试则一般会邀请一些用户参加或者不指定用户。

在测试执行阶段，组织方要跟踪测试情况，解答测试遇到的问题，及时收集测试结果。

测试结束后，对测试结果进行分析，编写测试报告。最后由产品经理组织会议来决策产品是否通过本次测试。

需要注意的是，为了激发用户参加 Beta 测试的积极性，一般需要市场部对 Beta 测试活动进行策划，如抽取前几名参加的用户进行抽奖或者发放一些礼品。此外，为了方便用户反馈，也可以专门开设一个论坛，使用户与技术人员、用户与用户之间可以通过论坛进行沟通，进而对产品进行评价。

为了规范对 Beta 测试中测试结果的反馈，一般在制订测试计划的过程中会制订《用户评测报告》，引导用户反馈。表 7-3 所示为某产品的 Beta 测试《用户评测报告》模板。

表 7-3　某产品的 Beta 测试《用户评测报告》模板

一、用户基本信息
用户名： 所属行业： 联系方式：
二、用户综合评价
功能特性：
可以从好的、不足的、需要改进的几个方面进行总结。
性能特性：
可以从好的、不足的、需要改进的几个方面进行总结。
用户体验：
其他建议和意见：
可以从最希望增加的、最希望改进的等方面提出意见和建议。

测试报告要详细地描述《用户评测报告》回收情况、用户在各个方面的评价以及反馈的具体问题，给出本次测试的结论。表 7-4 所示为某产品的 Alpha/Beta 测试报告模板。

表 7-4 某产品的 Alpha/Beta 测试报告模板

1．测试的目的

描述 Alpha/Beta 测试的目的，以及要达到的效果。

2．测试的内容和时间

描述 Alpha/Beta 测试的内容和时间，说明产品说明书和产品的网络地址。

Alpha/Beta 测试一般需要包含至少 3 个方面的内容：功能测试、性能测试和用户体验测试。

2.1 功能测试

2.2 性能测试

2.3 用户体验测试

3．分析《用户评测报告》

说明《用户评测报告》回收情况。

对收集回来的《用户评测报告》进行分析，从好的方面、不足的方面和需要改进的方面等进行分析。

分析结果除了作为本次评价的重要参考外，还可以作为产品下一个版本规划的参考资料。

4．测试出现的问题及影响

列出 Alpha/Beta 测试收集的问题，以及对其严重程度评估的结果。

4.1 功能测试结果分析

4.2 性能测试结果分析

4.3 用户体验测试结果分析

5．评测结论

给出该产品能否进入下一阶段的建议和意见，Alpha 测试的下一阶段为 Beta 测试，Beta 测试的下一阶段为产品正式发布。

6．其他

附加模块测试、系统测试、Alpha 测试中遗留的问题及其影响的列表，有利于评审人员对存在的问题和风险进行判断。

7.3 实践任务 7：完成测试报告

【实践任务】

① 根据测试的实际情况完成测试报告，对项目测试活动进行总结（不足和好的实践都应该包括）。

② 测试报告文档以“第 × 组-项目名称-测试报告”的方式命名。

【实践指导】

① 如果用 Microsoft Office 编写测试报告，则可以用 Word 文档，也可以使用禅道软件直接生成测试报告。

② 可以参考软件测试报告相应的模板。

职业精神

要成为一名优秀的测试工程师，除了要有精湛的业务能力，更要有强烈的工作责任感。测试结果和报告是产品测试的最后一个环节，我们应该执行标准、尊重数据，对质量忠诚。

7.4 工单示例：编写项目测试报告

【任务描述】

根据项目开展过程和测试结果，完成测试报告，对项目测试活动进行总结。

【知识准备】

【引导】通过网络和教材自主学习测试报告的主要内容，并列出测试报告一般包含哪些内容：

拓展微课
总结型测试报告
模板和企业样例

【任务准备】

【引导】本项目测试总结报告的输入文档（参考文档）有：

编号	资料名称	版本	归属单位或来源
1			
2			

续表

编号	资料名称	版本	归属单位或来源
3			
4			
5			

【引导】本次测试的基本信息

信息项	信息内容
软件名称及版本号	
被测软件简介	
本次开展的测试项	□功能性；□性能效率；□兼容性；□易用性； □可靠性；□可移植性；□维护性；□信息安全性 □其他：________
参与测试的人员	
测试时间	开始日期：________；结束日期：________ 共计______工作日；投入的总工作量大约________小时

【任务实施】

【引导】本次测试的测试资源（硬件环境、软件环境、测试场所、测试人员和分工）

（1）本次测试的硬件环境

序号	硬件或固件项名称	配置
1		
2		
3		
4		

（2）本次测试的软件环境（包括操作系统、测试工具等）

序号	软件名称	用途说明
1		
2		
3		

续表

序号	软件名称	用途说明
4		
5		

（3）测试的场所:

____

（4）测试人员及分工

序号	角色	人员	职责
1	项目经理（组长）		
2	测试人员		
3			
4			
5			
6			

项目组成员沟通的方式:

____

____

【引导】本次测试进度回顾和总结

测试进度与预期是否一致:

是;

否（具体情况说明:______________________________

______________________________）

序号	任务	内容	人员	起止时间
1				
2				
3				
4				
5				
6				
7				

【引导】测试用例统计和分析

测试项	测试子项	设计人员	执行人员	用例数	通过用例数

续表

测试项	测试子项	设计人员	执行人员	用例数	通过用例数
—	—	—	合计		

【引导】测试缺陷统计和分析

（1）按照严重程度和缺陷类型统计

______缺陷统计表									
缺陷等级	首轮测试缺陷数	缺陷比例	缺陷类型					已修复缺陷	遗留缺陷
			功能性	性能效率	易用性	可靠性	可移植性		
严重缺陷（1级）									
重要缺陷（2级）									
中等缺陷（3级）									
轻微缺陷（4级）									
合计									
软件缺陷等级比例								–	–

（2）按照功能模块和缺陷严重程度统计

功能模块	按缺陷严重程度的个数划分				合计
	严重缺陷（1级）	重要缺陷（2级）	中等缺陷（3级）	轻微缺陷（4级）	
合计（个）					

【引导】测试结果分析和结论填写

（1）测试计划中制订的测试通过准则：______

（2）基本数据：本次测试共设计用例______个，实际执行用例______个，本次测试共发现缺陷______个，其中1级缺陷______个，占比______；2级缺陷______个，占比______；

3 级缺陷______个，占比______；4 级缺陷______个，占比______。

（3）根据测试通过准则，在本次测试的测试环境中，__________________软件（□通过；□不通过）测试。

（4）对被测软件的评价或建议：____

【引导】具体测试结果填写

测试项	测试子项	测试点描述	用例标识（用例编号范围）	结果（如有缺陷写明编号）

续表

测试项	测试子项	测试点描述	用例标识（用例编号范围）	结果（如有缺陷写明编号）

【引导】测试经验总结

回顾测试活动，评估测试过程安排是否合理，总结遇到的问题以及解决方法，可以借鉴的好的实践和有待改进的方面：

【任务质量检查】

编写项目测试报告 任务质量表，每项的满分为5分				
编号	检查项	自评	师评	检查记录
1	任务整体完成度			
2	知识准备是否到位			
3	任务记录是否详细且完整			
4	是否有缺陷分析，如缺陷类型、严重程度			
5	是否描述了测试时间、测试人员			
6	是否对测试环境进行了描述			

续表

编写项目测试报告 任务质量表，每项的满分为 5 分				
编号	检查项	自评	师评	检查记录
7	总结测试中所反映的被测软件与需求之间的差异			
8	测试结果数据是否完整			
9	测试报告前后内容是否一致			
10	测试结论是否客观			
总分（按照百分制）				综合评价结果： □优；□良；□中；□及格；□不及格

问题与建议：

指导老师签字： 日期：

理论考核

学号：_______ 姓名：_______ 得分：_______ 批阅人：_______ 日期：_______

一、单项选择题（本大题共5小题，每小题12分，共60分。每小题只有一个选项符合题目要求）

1．测试记录包括（　　）。

① 测试计划或包含测试用例的测试规格说明

② 测试期间出现问题的评估与分析

③ 与测试用例相关的所有结果，包括在测试期间出现的所有失败

④ 测试中涉及的人员身份

A．①②③　　B．①③④

C．②③　　D．①②③④

2．测试报告不包含的内容有（　　）。

A．测试时间、人员、产品、版本　　B．测试环境配置

C．测试结果统计　　D．测试成功/失败的标准

3．在进行产品评价时，评价者需要对产品部件进行管理和登记，其完整的登记内容应包括（　　）。

① 部件或文档的唯一标识符

② 部件的名称或文档标题

③ 文档的状态，包括物理状态或变异方面的状态

④ 请求者提供的版本、配置和日期信息

A．①③　　B．①②

C．①③④　　D．①②③④

4．对于软件的Beta测试，下列描述正确的是（　　）。

A．Beta测试就是在软件公司内部展开的测试，由公司专业的测试人员执行

B．Beta测试就是在软件公司内部展开的测试，由公司的非专业测试人员执行

C．Beta测试就是在软件公司外部展开的测试，由专业的测试人员执行

D．Beta测试就是在软件公司外部展开的测试，可以由非专业的测试人员执行

5．下列关于Alpha测试的描述中正确的是（　　）。

A．Alpha测试需要由测试人员来执行

B．Alpha测试不需要制订测试计划

C．Alpha测试是系统测试的一种

D．Alpha测试是验收测试的一种

二、判断题（本大题共8小题，每小题5分，共40分。）

6．测试执行时，只要监控测试的进度就可以了。（　　）

7．软件测试报告应该对软件的遗留缺陷进行分析。（　　）

8．软件测试报告不必说明测试环境。（　　）

9．软件测试报告完成后，一般需要审批才能公布。（ ）

10．在测试执行过程中，可以等测试全部执行完了，再一次性录入测试缺陷。（ ）

11．Beta 测试一般由开发部门组织，不需要其他部门参与。（ ）

12．Alpha 测试可能需要用户代表参加。（ ）

13．测试用例处于阻塞状态，表示由于各种原因导致该用例暂时不能执行。（ ）

任务 8 管理测试团队

在测试项目开展过程中，人员是第一要素，本任务主要讲述如何建立测试团队、测试团队的组织形式、角色配置、人员选择以及日常管理注意事项。本任务可以作为选学内容，对于没有或不需要从事测试团队管理工作的人员来说可以忽略。

学习目标

- 了解测试团队的建立步骤。
- 了解测试团队的组织形式。
- 了解测试团队的角色配置和人员选择。
- 了解测试团队管理的主要内容。

素养小贴士	**学会沟通** 著名组织管理学家巴纳德认为“沟通是把一个组织中的成员联系在一起，以实现共同目标的手段”。没有沟通，就没有管理。对于项目负责人来说，要科学地组织、指挥、协调和控制项目实施，而良好的人际沟通是项目成功的关键因素。 根据 51Testing 发布的《2023 软件测试行业现状调查报告》，自 2014—2020 年以来测试人员在测试过程中感到不满意的地方中，“测试人员与开发的沟通不顺畅”这一项一直榜上有名，根据 2023 年的调查结果，此项的占比达 32.9%。 因此在实际项目中，个人沟通能力这项软技能和技术硬实力一样的重要。一般可以通过学习和实践来提升沟通能力，沟通能力看起来是外在的东西，而实际上是个人素质的重要体现。

8.1 测试团队的建立

测试项目能否成功受到人员、流程和工具的影响，其中人员是第一要素，没有人的参与，项目是无法完成的。人员贡献了智慧，流程弥补了人员的不足，工具则提高了人员工作和流程的效率。

只有专业的测试团队才能开展高水平的测试。要建立测试团队，必须根据实际需要与开发的大环境以及测试的流程关联起来。

一般情况下，建立测试团队需要经过以下步骤。

（1）确定测试团队在组织中的位置及形式

确定测试团队的隶属关系，以及测试团队与开发团队之间的关系。测试团队的组织形式有 3 种：独立型测试团队、融合型非独立测试团队、资源池形式的测试团队。具体可以参考 8.2 节的详细介绍。

（2）确定测试团队的规模

测试团队的规模要根据测试的工作负荷来配置，同时考虑人员备份、人员层次、人员技能的需要。

（3）确定组织中需要的测试类型

软件产品的应用领域不同，测试类型也不尽相同，例如，B/S 架构的信息管理系统软件需要进行浏览器的兼容性测试，但是不需要进行安装卸载测试，而移动应用软件以及单机版软件则需要进行安装卸载测试。建立测试团队时要分析自身的业务需求，识别测试中的主要测试类型，并不断完善补充。业务需要的测试类型是影响测试人员配置的重要因素。

（4）确定组织中需要的测试阶段以及测试流程

不同的组织有不同的测试阶段，V 模型中包括单元测试、集成测试、系统测试和验收测试。建立测试团队时要根据实际情况明确需要开展的测试阶段，并定义相关的执行流程。

（5）确定组织内部架构

确定测试团队内部的管理结构、汇报关系等。

（6）确定测试团队角色配置

明确测试团队需要配置哪些角色，定义角色职责，明确技能要求。具体可以参考 8.3 节中的详细描述。

（7）选择合适的测试人员

根据需要选择合适的测试人员，具体可以参考 8.4 节中的详细描述。

8.2 测试团队的组织形式

测试团队的组织形式常见的有 3 种：独立型测试团队、融合型非独立测试团队以及资源池形式的测试团队。

（1）独立型测试团队

独立型测试团队（见图 8-1）是指独立于开发团队的测试团队，测试组与开发组之间传递的是测试需求和测试结果。其优点是测试团队独立，无偏见，能客观看待被测对象，同时有利于测试人员之间的沟通交流，有利于测试团队的统一和规范管理。其缺点是由于测试团队与开发团队相互独立，不利于测试团队与开发团队的沟通，不利于测试团队尽早了解项目及参与测试，同时开发团队可能会因为测试团队的存在而懈怠对被测对象质量的关注。

（2）融合型非独立测试团队

融合型非独立测试团队（见图 8-2）以项目为主要组织，测试人员和开发人员都属于项目组。其有利于测试团队与开发团队的沟通和管理，但是可能会存在测试的偏见，因为每个人（每个团队）都有一种心理趋势，就是认为自己做的东西都是好的，潜意识里回避问题。

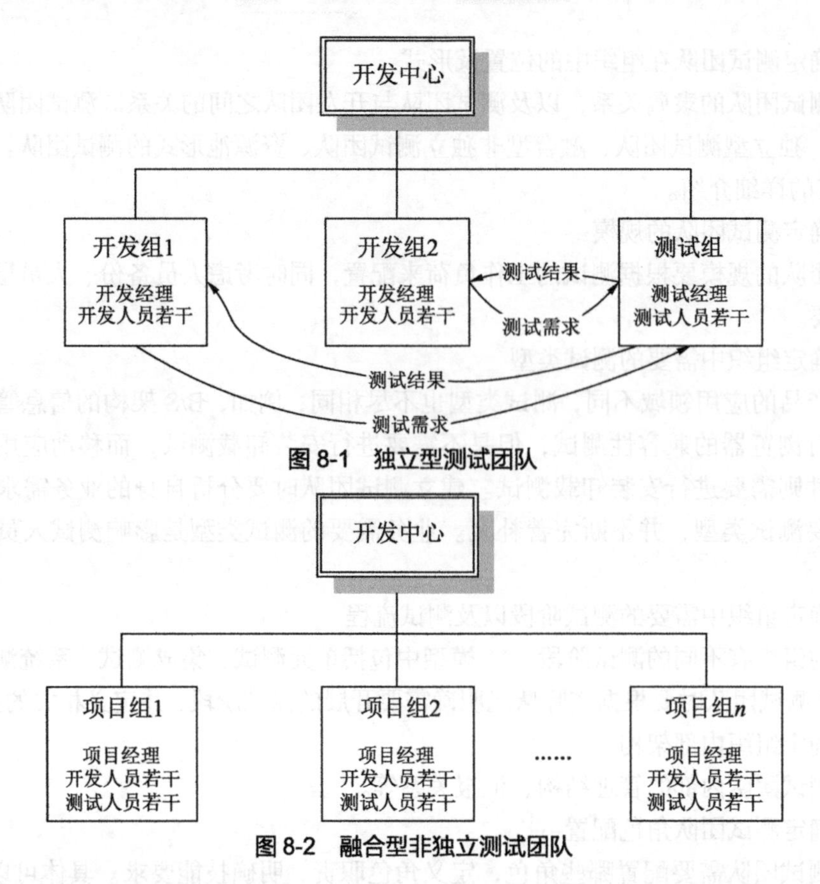

图 8-1　独立型测试团队

图 8-2　融合型非独立测试团队

（3）资源池形式的测试团队

资源池形式的测试团队（见图 8-3）中测试人员统一属于测试组，当有项目组建立时将测试人员分到项目组，由项目经理管理，项目完成并解散项目组时则重新回到测试组。这种组织形式的人员配置灵活，有利于测试人员之间的交流学习，同时有利于开发团队与测试团队的交互。但是对该形式的测试团队进行管理考核有难度，因为测试人员在不同时间归属不同的管理者，存在双重管理的问题。

在资源池形式的测试团队中为项目配备测试人员时有两种配备方式：基于技能为项目配备测试人员和基于项目为项目配备测试人员。

（1）基于技能为项目配备测试人员

根据测试类型的需要为项目配备具有不同技能的测试人员。测试人员不必涉及多个主题，注意力集中在自身专业领域即可，但是测试人员需要深入掌握本领域复杂的测试技术和工具。比如，一个 BIOS（Basic Input/Output System，基本输入输出系统）测试人员负责测试不同项目的 BIOS 测试。

这种方式适用于测试难度比较大的项目。

（2）基于项目为项目配备测试人员

基于项目配备测试人员主要根据工作量配备测试人员，相对于基于技能的配备方式，该方式可以减少测试人员工作的中断和转换。

企业在实际运作过程中，测试团队的组织形式更加复杂，有时会混合使用多种组织形式。例如，有些企业有多条产品线，不同产品线之间采用独立型组织形式；同一个产品线在分模块开发时采用融合型非独立的组织形式，模块开发完毕，项目组测试人员全部组成一个测试组，在系统测试期间变成独立型组织形式。

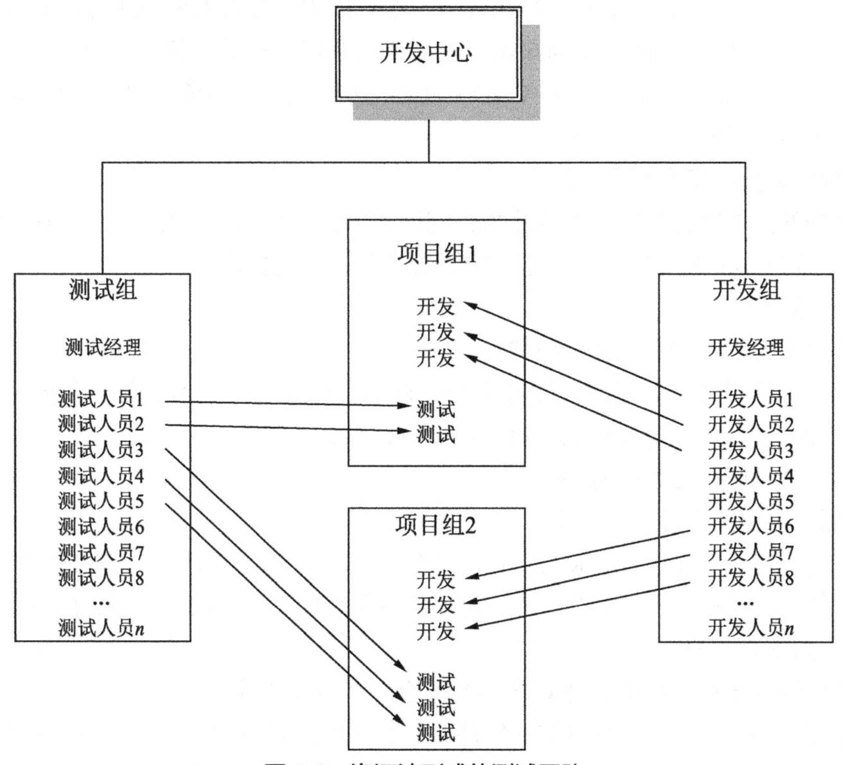

图 8-3 资源池形式的测试团队

8.3 测试团队的角色配置

测试团队的角色配置要明确角色以及角色职责定义，通常的角色配置如下。

（1）测试经理

其负责组建测试团队、调配资源、控制进度、选择方案等。

（2）测试人员

高级测试人员负责确定测试方案；初级和中级测试人员负责设计测试用例，执行测试，报告测试结果。

（3）测试工具开发人员（可选）

测试工具开发人员要根据团队测试工具需求的实际情况进行配置，如果市场通用的测试工具以及开源测试工具均不能够满足测试需要，可以配置测试工具开发人员进行测试工具的开发和维护。

（4）配置管理员

配置管理员主要负责测试资产的管理，包括文档管理、版本控制、配置管理等。

（5）IT 管理员

IT 管理员主要负责测试环境搭建、测试工具部署、测试环境维护。

8.4 选择合适的测试人员

在选择测试人员时，要从基本素质和专业技能两个方面来考虑。基本素质主要包括沟通能力、书面表达能力、好奇心、怀疑精神、学习能力，以及对测试工作的兴趣等。专业技能包括软件专业知识、测试基础知识和被测产品领域知识等。例如，要测试一款计算机辅助设计（Computer-Aided Design，CAD）软件，测试人员则应该了解用 CAD 软件进行设计的相关标准和流程。

（1）测试人员的基本素质要求

① 良好的沟通能力和书面表达能力：测试人员经常要与项目相关方（包括项目经理、开发人员、客户、市场人员……）进行频繁的沟通，因此要求测试人员具有良好的沟通能力和书面表达能力。

② 具有适度的好奇心和怀疑精神。

③ 良好的学习能力：测试人员每次测试新产品都是一次学习过程，需要理解项目需求，理解产品，所以要求测试人员有良好的学习能力。

④ 对质量忠诚，对测试有兴趣。

（2）测试人员的专业技能要求

① 普适性专业技能：具备良好的阅读理解、书面表达、统计分析等普适性专业技能。

② 软件专业基础：掌握操作系统、数据库、网络协议、软件工程等软件专业基础知识，至少掌握一门编程语言。

③ 软件测试知识：掌握软件测试基本理论、基本方法等。

④ 被测产品领域知识：理解被测软件要解决的问题以及相关业务。因为软件产品（如财务软件）应用于不同的领域，所以测试人员要具备一定应用领域的知识。如果软件产品的应用领域比较复杂或专业程度较高，例如，机床加工控制软件，则需要为测试团队配置相关应用领域的专业人员。

8.5 测试团队管理的主要内容

测试团队组建完毕后，由测试团队负责人开展测试团队的日常管理工作，主要内容如下。

① 任务分配和检查：日常测试任务的分配，以及进度和质量检查。

② 组织架构维护：根据测试需要及时调整测试团队内部的组织架构，如团队规模扩大后及时进行分解，开展二级管理。

③ 人员更新：形成人员淘汰、更新的机制，保持团队的活力。

④ 沟通交流：确保测试团队内、外部的沟通、交流顺畅。

⑤ 考核评价：对测试人员进行考核评价，以及绩效改进。

⑥ 技能提升：组织开展培训，提升测试团队的业务技能水平。

理论考核

学号：_______ 姓名：_______ 得分：_______ 批阅人：_______ 日期：_______

一、单项选择题（本大题共 7 小题，每小题 10 分，共 70 分。每小题只有一个选项符合题目要求）

1. 测试项目成功的第一要素是（　　）。

A. 测试对象　　B. 测试流程　　C. 测试工具　　D. 测试人员

2. 软件测试团队的组织形式，一般可分为（　　）、融合型非独立测试团队和资源池形式的团队。

A. 独立型测试团队　　B. 分散式测试团队

C. 嵌入式测试团队　　D. 集中式测试团队

3. 下列①～③是关于软件评测师工作原则的描述，其中正确的是（　　）。

①对于开发人员提交的程序必须进行完全的测试，以确保程序的质量

②必须合理安排测试任务，做好周密的测试计划，平均分配软件各个模块的测试时间

③在测试之前需要与开发人员进行详细的交流，明确开发人员的程序设计思路，并以此为依据开展软件测试工作，最大程度地发现程序中与其设计思路不一致的错误

A. ①②　　B. ②③　　C. ①③　　D. ①②③

4. 合适的测试人员应具备（　　）。

①良好的基本素质

②扎实的专业技能

③程序开发能力

A. ①②③　　B. ②③　　C. ①③　　D. ①②

5. [软件评测师]下列选项不属于测试人员编写的文档是（　　）。

A. 缺陷报告　　B. 测试环境配置文档

C. 缺陷修复报告　　D. 测试用例说明文档

6. 下面属于测试团队角色配置的是（　　）。

①测试经理

②测试人员

③配置管理员

④IT 管理员

A. ①②　　B. ①②③　　C. ①②③④　　D. 以上均不是

7. [ISTQB]以下关于组件测试和系统测试的比较描述正确的是？（　　）

A. 组件测试验证软件模块、程序对象和独立可测试的类的功能性；系统测试验证组件之间的接口和不同系统部分之间的交互

B. 组件测试用例通常从组件规格说明、设计规格说明或者数据模型中生成；系统测试用例通常从需求规格说明或者用例中生成

C．组件测试只关注功能属性；系统测试同时关注功能和非功能属性

D．组件测试是测试人员的职责；系统测试是系统的用户的职责

二、判断题（本大题共3小题，每小题10分，共30分）

8．测试组负责软件质量。（ ）

9．独立的测试团队相对于开发测试融合的团队更有利于无偏见、客观地开展测试工作，但是不利于开发团队和测试团队之间的沟通。（ ）

10．业务需要的测试类型是影响测试人员配置的重要因素。（ ）

任务⑨ 认识测试中的其他过程

与一般的软件项目管理相似，在测试项目管理过程中，除了关注测试过程之外，配置管理、质量保证和评审也是测试成功的重要支撑，理解这些过程有助于读者更好地完成软件测试工作。

本任务简要介绍配置管理、质量保证、软件过程中的评审。本任务可以作为选学内容。

学习目标

- 了解配置管理的作用以及关键活动。
- 了解质量保证的作用以及关键活动。
- 了解软件过程中评审的作用以及关键活动。
- 可以尝试在软件测试项目中引入配置管理、质量保证和评审。

素养小贴士

培养系统思维

软件项目的复杂性不断增长，软件项目管理的复杂度也随之增加。项目管理一般由多个部分组成，工作跨越多个组织，需要运用多种学科的知识来解决问题。

本任务所讲解的软件配置管理、软件质量保证、评审等也是软件项目管理的重要组成部分，是软件质量保证的手段，能很好地支持测试过程的执行。除了本章讲解的内容，项目管理还涉及风险管理、成本管理、采购管理、人力资源管理等，要让项目管理的各个方面和活动发挥作用，需要具备系统思维的能力。

客观事物是多方面相互联系、发展变化的有机整体。系统思维就是人们运用系统观点，把对象的互相联系的各个方面及其结构和功能进行系统认识的一种思维方法。整体性原则是系统思维方式的核心。这一原则要求人们无论干什么事都要立足整体，从整体与部分、整体与环境的相互作用过程来认识和把握整体。

对于项目管理来说，实施项目的目的就是充分利用可获得的资源，使得项目在一定时间内在一定的预算基础上，获得期望的成果。项目管理者思考和处理问题的时候，必须从整体出发，把着眼点放在全局上，注重整体效益和整体结果。

9.1 配置管理

9.1.1 配置管理及其目标

配置管理是指应用技术和管理手段来识别及记录配置项的功能、物理特性，控制其变更，记录和报告变更的过程、实现状态，并检查配置项与项目需求之间的符合度。通过配置管理可以有效地管理工作产品之间的一致性，合理地控制和实施变更以维护对项目范围与边界条件的一致的理解。

注意，这里的工作产品就是软件开发过程中产生的需求文档、设计文档、代码、测试计划等中间成果。

实施配置管理的目标主要如下。

目标1：软件配置管理的各项工作是按计划进行的。

目标2：被选择的产品可被识别、控制，并且可以被相关人员获取。

目标3：已识别出的产品的更改得到控制。

目标4：使相关组织及个人及时了解软件基线的状态和内容。

配置管理的重要术语如下。

- 配置项：处于配置管理之下的软件和硬件的集合体。这个集合体在配置管理过程中作为一个实体出现。
- 基线：已经通过正式评审和批准的某规约或产品，因此，它可以作为进一步开发的基础，并且只能通过正式变更控制过程来改变它的内容；基线由一组配置组成，这组配置构成一个相对稳定的状态，不能再被任何人随意修改。
- 配置标识：识别产品的结构、产品的构件及其类型，为产品分配唯一的标识符，并以某种形式对它们进行存取。
- 控制：通过建立产品基线，控制产品的发布和在整个软件生命周期中对产品的修改。
- 状态统计：记录并报告产品构件和修改请求的状态，并收集关于产品构件的重要统计信息。
- 配置审计：通过第三方（例如软件质量保证工程师）来确认产品的完整性并维护产品构件间的一致性，即确保产品是一个严格定义的构件集合。
- 配置管理员：公司内部具体实施与操作配置管理过程的人员/角色。根据实施的层级不同，配置管理员可以分为“产品配置管理员”和“项目配置管理员”两个角色。一般情况下，产品配置管理员是专职的，项目配置管理员由项目成员兼任。

9.1.2 配置管理的活动

配置管理有如下7个关键的活动。

1. 制订并维护配置管理计划

在项目计划明确时，配置管理员应根据项目计划的时间点与里程碑制订《配置管理计划》。该计划中应明确以下要素。

- 参与配置管理的人员及其组织与职责。
- 配置管理资源，包括系统、工具（由团队统一决定）与配置管理环境。
- 需识别的配置项及其标识和位置。
- 配置项的基线计划。
- 非基线配置项的管理策略。
- 配置库中文档资料管理权限的分配策略。
- 配置库中文档资料的备份与恢复策略。
- 变更控制的流程和操作方法。
- 配置审计的计划。

2. 创建配置管理环境

按照《配置管理计划》，配置管理员负责创建配置管理环境，并向所有相关人员分发配置管理环境报告。在此环境中，产品相关人员可以对整个产品进行开发，并能及时取得所需的交付件。

配置管理环境的创建包括以下内容。

- 在指定的配置管理工具上创建配置库，包括开发库、基线库和备份库。
- 建立初始用户信息，并根据《配置管理计划》分配用户权限。
- 导入初始文件，例如项目规划相关文档。

3. 产品的核心配置标识

产品的核心配置标识如下。

- 文档标识。
- 代码标识。
- 版本标识。
- 配置存储库的目录组织结构。

4. 产品的基线管理和发布

根据产品的配置管理计划，在产品开发的不同阶段应建立相应的基线，以将相关的配置项纳入变更管理。

待申请基线的工作产品必须满足以下条件：和基线相关的文档或代码已经通过评审并获得批准。基线一旦建立应该发布基线报告，这些是下一阶段工作的基础，基线化时要填写基线化日志，以便记录和查询（具体案例见表 9-1）。

表 9-1 基线化日志格式案例

基线内容：《×××产品用户需求规格说明书_V1.1.003.doc》
评审单号：20121226008
变更摘要[如果是变更，则需要变更摘要；如果是第一次基线化，则不需要]：修订当前某需求，增加某需求，删除某需求。

5. 产品的变更控制

由任一产品变更请求（新需求、变更的需求、缺陷或其他原因引起的变更请求）引起产品人员对已建立的基线中任一配置项的变更，都应对其进行变更控制。

6．产品的配置状态统计和报告

在产品的配置管理计划中规定了配置状态报告时间点，以及变更处理完毕时产品的配置管理员应对产品的变更进行统计，并向产品相关人员分发产品的配置状态报告。

一般情况下，在里程碑结束或变更发生时进行一次配置状态报告。

7．产品的配置审计

产品质量保证人员应在产品配置管理计划中规定的配置审计时间点进行产品的配置审计，检查配置管理工作是否按照规范开展。如果有不符合项，则要记录下来并督促负责人解决相关问题。

9.1.3　配置管理的目录结构

配置库一般有3个目录（其目录结构见图9-1）。

```
/
  项目 1/
     trunk/
     tags/
     branches/
  项目 2/
     trunk/
     tags/
     branches/
…
```

图9-1　配置库的目录结构

（1）trunk—开发库或基线库—主开发目录

trunk用于存放项目期间处于开发状态的相关代码和资料。trunk在中文里为“主干”的意思，在项目运作过程中，日常的开发和管理资料都在此目录中进行维护和更新。

（2）tags—产品库—存档目录，相当于快照

tags用于存放发布后的产品。tag的中文意思为“标签”，此目录用于为一些阶段性成果进行存档。该目录为只读目录，不允许修改。

（3）branches—受控库—分支目录

- 用于存放经过验证的阶段性成果，可以对其进行维护。
- 修订某些具有缺陷的版本、新技术引进版本、客户定制版本等。

9.1.4　配置管理的工具

配置管理通常借用工具来完成，配置管理工具一般具有建立配置库、管理配置库权限等功能。配置管理的常用工具如下。

- Rational ClearCase。
- Git（分布式管理工具）。
- TortoiseSVN（集中式管理工具），为开源工具。
- TortoiseHg（分布式管理工具），为开源工具。

9.1.5 软件测试活动涉及的配置项

软件项目的配置管理活动涉及从需求、测试到产品发布的所有内容，具体的软件测试活动中涉及的配置项见表 9-2。

表 9-2 软件测试活动中涉及的配置项

配置项名称	配置项标识	配置项分类
系统测试计划	系统测试计划_××项目	基线配置项
系统测试计划评审检查单	系统测试计划评审检查单_××项目	基线配置项
系统测试计划评审报告	系统测试计划评审报告_××项目	非基线配置项
系统测试用例	系统测试用例_××项目	非基线配置项
系统测试用例评审检查单	系统测试用例评审检查单_××项目	基线配置项
系统测试用例评审报告	系统测试用例评审报告_××项目	非基线配置项
系统测试报告及审批结果	系统测试报告及审批结果_××项目	基线配置项

在配置项分类中，基线配置项是指要进行基线化管理的配置项，如测试计划，一旦确定下来就要提交到基线库并在开发团队广而告之，此后任何对测试计划的修改都要遵循变更的过程；非基线配置项是指内容要入基线库，但是不对其内容变更做严格控制的配置项。

9.2 质量保证

9.2.1 质量保证的意义

质量保证（Quality Assurance，QA）的目的是提供有效的人员组织形式和管理方法，通过客观地检查和监控“过程质量”与“产品质量”，从而实现持续地改善质量。质量保证是一种有计划的、贯穿于整个产品生命周期的质量管理方法。

质量保证的关键活动如下。

- 制订质量保证计划。
- 过程与产品质量检查。
- 问题跟踪与质量改进。

9.2.2 质量保证的相关活动

1. 制订质量保证计划

QA 人员在产品开发启动前对质量保证活动进行策划。产品 QA 人员根据产品计划、产品开发过程制订《产品质量保证计划》。

《产品质量保证计划》的主要内容如下。

- 产品特点和产品关键活动。
- 详细列出什么时间进行何种检查。

2. 审批质量保证计划

《产品质量保证计划》需要通过 QA 团队负责人的审批。

QA 团队在行政上独立于任何项目。《产品质量保证计划》需要经过项目经理的审批才能生效，以确保与项目计划保持一致。

3. 过程与产品质量检查

QA 人员依据质量保证计划进行项目 QA 审计工作，客观地检查项目组的“工作过程”和“工作产品”是否符合既定的规范，并按照规定将审计结果发布给项目组成员和 QA 团队负责人。QA 人员审计时一定要有项目组人员陪同，不能搞“突然袭击”，双方要开诚布公，坦诚相对。项目 QA 人员的工作应侧重于过程的引导，而非工作产出的核查。另外，针对项目组成员提出的建议，项目 QA 人员应认真思考该建议是否具有积极效果。

QA 人员开展审计工作的内容如下。

- 是否按照过程要求执行了相应活动。
- 是否按照过程要求产生了相应产品。

4. 问题跟踪与质量改进

此活动中，QA 人员识别质量问题并跟踪问题的解决过程；分析共性质量问题，给出质量改进措施。审计中发现的问题需要列入《不一致项问题跟踪表》，并要求项目的负责人进行改进。

5. 分析共性质量问题，提出质量改进措施

QA 人员根据实际质量保证过程中发现的问题，提出质量过程改进措施，并将其描述到《QA 审计检查单和审计报告》中。过程改进小组会定期收集过程改进机会，进行过程改进。

QA 团队分析项目内共性质量问题，提出质量改进措施。

9.3 评审

9.3.1 评审概述

评审在产品开发生命周期中属于支持过程，贯穿于产品开发生命周期与项目开发生命周期的整个过程，执行评审的目的如下。

- 从多角度检查和评估每个阶段工作产品的合格情况，确保每个阶段的产出都是符合既定要求的，从而减少软件开发生命周期中的返工现象。
- 静态地测试程序中可能存在的错误或评估程序的过程。
- 以更低的成本，更高效地在软件开发生命周期的早期就发现问题，识别产品质量的隐患。
- 确保该阶段的工作产品能够成为下一阶段工作的正确输入，采取适当的纠正措施和预防活动，确保后续工作产品的质量。

评审从形式上分为非正式评审和正式评审两种方式。

非正式评审包括走查和轮查，形式比较灵活、简单，但其过程不够严谨，适合代码走查等工作产品的核查。代码走查依据开发体系颁布的编码规范等技术标准，通过事先制订好的代码检查表（CheckList）进行检查。

正式评审主要包括正规检视和同行评审，主要针对技术类设计文档和方案进行评审和验

证。其中，正规检视最为正式，而同行评审作为较为正式的一种评审方法，将是本任务将要详细介绍的一种方法。同行评审的英文全称是 Peer Review。Review 的意思是检查、审阅。从字面意思可见，同行评审是指一群从事相同或相关工作的人在一起认真地对工作产品进行检查或审阅。在 CMMI 中，同行的定义不仅仅局限于从事相同工作的人，而是与该工作相关的所有人，例如，软件开发人员的工作就与软件设计人员、软件测试人员、软件需求人员、项目管理人员的工作息息相关，因此凡是从事软件相关工作的人，都可以称为同行。

评审的过程主要是制订评审计划和执行评审。

① 制订评审计划：制订描述评审活动的计划，该计划包含在项目计划当中，属于项目计划的一部分，其目的是提前规划整个产品开发生命周期中需要进行评审的工作产品，保证各阶段的产出都能得到验证。

② 执行同行评审：描述同行评审活动的具体开展过程。作为一种正式的评审方法，它的执行是对需要执行同行评审的产品进行验证。

③ 执行走查评审：描述走查评审活动的具体开展过程。作为一种非正式的评审方法，它的执行是对不需要执行同行评审的产品进行验证。

其中，同行评审和走查评审是可选的。对于工作产品的评审，只需选择其中一种执行即可。

9.3.2 同行评审的活动过程

同行评审的活动过程见图 9-2。

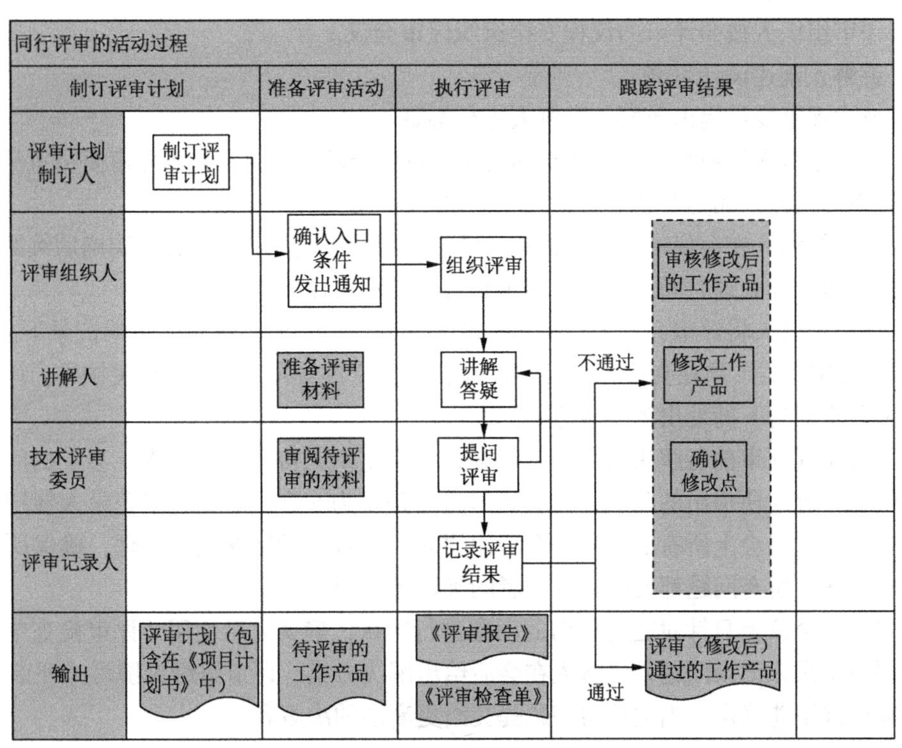

图 9-2 同行评审的活动过程

1. 制订评审计划

项目经理在编制项目计划时需要计划好项目周期中所有工作产品的评审方式。评审计划需要评审计划制订人确定哪些阶段的哪些工作产品将采用何种方式执行评审，并写明评审人员的资格要求，最终将这些内容写在《项目计划书》中。

2. 准备评审活动

评审组织人与讲解人（通常是待评审的工作产品的作者）确认待评审的工作产品是否已经准备完毕，是否达到评审状态。

评审组织人与各位参与人确认开展同行评审会议可行的时间、地点，编制评审会议的议程安排，并将《评审检查单》发给评审会议的参与人。

讲解人须在评审前规定的工作日内按照《评审检查单》的要求准备好待评审的工作产品（主要是文档）的讲解和演示材料。

技术评审委员须在评审之前规定的工作日内完成对待评审的工作产品的文档审阅，掌握评审的要点。

评审组织人在评审前规定的工作日内与技术评审委员确认待评审的文档是否已经经过审阅，与讲解人确认评审材料是否已准备好。确认完毕后，向各位参与人正式发出评审会议通知，说明评审会议的议程。

3. 执行评审

评审会议的具体议程如下。

① 评审组织人按照评审的议程安排组织评审会议。

② 讲解人阐述设计思路。

③ 技术评审委员提出质疑，讲解人进行答疑。

④ 评审组织人组织技术评审委员填写《评审检查单》并统一技术评审委员意见，判断此次被评审的工作产品是否达到各检查项要求。

⑤ 评审组织人在会议最后宣布评审的结果，如果未通过评审，必须明确后续跟进、修复问题的负责人和处理时间，并明确表示是否需要再次评审。

⑥ 评审记录人将评审会议中所有争论的关键问题以及最后评审的结果记录下来。

⑦《评审报告》须在会后一个工作日内发给各位参与人，并告知相关领导。评审结束必须以《评审报告》的发出为判断标准。

为了在正式评审前能解决大部分的问题，评审组织人可先进行预审，会上提问者提出自己的问题。针对所提出的问题，与会者讨论其是否为一个问题，评审记录人使用《评审问题记录单》记录会上所有的问题，会后由讲解人对收集的问题进行处理，确保所有问题都有解决方案，所有问题都要经过提问者的确认才算通过。

正式评审会议上只针对之前提出的问题进行确认，确认完后使用《评审检查单》进行评审。评审记录人记录问题，讲解人在会后给出解决方案，评审组织人撰写《评审报告》。如果问题最终不能确定，则把遗留问题提交给更高层的决策者。

4. 跟踪评审结果

评审组织人通知讲解人按照《评审报告》以及签署意见的《评审检查单》中的建议对工作产品进行修改，并在完成修改之后，与提出意见的人员逐一核对是否修改正确。

如果技术评审委员满意修改后的工作产品，则评审组织人将更新后的工作产品纳入配置管理库。

跟踪评审结果将仅限于跟踪评审中标识出的不通过项。

9.4 实践任务 8：测试项目答辩

【实践任务】

总结并回顾项目测试的整个过程，进行项目答辩。

【实践指导】

① 答辩前已提交如下所有要求提交的内容。

- 项目测试计划。
- 项目测试用例。
- 项目测试缺陷。
- 项目测试报告。

② 答辩要求使用 PowerPoint 演示（演示文件的首页列出项目组全部成员）。

③ 全部成员上台答辩，组长负责介绍整个项目情况，成员分别介绍自己负责的部分。

理论考核

学号：_______ 姓名：_______ 得分：_______ 批阅人：_______ 日期：_______

一、单项选择题（本大题共10小题，每小题7分，共70分。每小题只有一个选项符合题目要求）

1．配置测试（　　）。

A．是指检查软件之间是否正确交互和共享信息

B．是交互适应性、实用性和有效性的集中体现

C．是指使用各种硬件来测试软件操作的过程

D．检查缺陷是否有效修复

2．[ISTQB]以下哪个选项包括的是一个正式评审中的角色？（　　）

A．开发人员、主持人、评审组长、测试人员

B．作者、主持人、经理、开发人员

C．作者、主持人、评审组长、设计人员

D．作者、主持人、评审组长、记录员

3．[ISTQB]以下哪个活动是正式评审时应该执行的？（　　）

A．收集度量数据以评估评审的有效性

B．回答参与者可能的任何问题

C．验证评审的入口准则

D．根据出口准则评估评审的发现

4．[ISTQB]当评审必须遵守基于规则和检查表的正式流程时，以下哪种评审类型最合适？（　　）

A．非正式评审　　B．技术评审　　C．审查　　D．走查

5．项目策划中，谁负责编写配置管理计划？（　　）

A．项目经理　　B．测试经理　　C．配置管理员　　D．项目组成员

6．正式技术评审（Formal Technical Review，FTR）是软件工程师组织的软件质量保证活动，以下关于FTR指导原则中不正确的是（　　）。

A．评审产品，而不是评审生产者的能力

B．要有严格的评审计划，并遵守日程安排

C．对评审中出现的问题要充分讨论，以求彻底解决

D．限制参与者人数，并要求评审会议之前做好准备

7．在项目策划中，谁负责编写软件质量保证计划？（　　）

A．项目经理　　B．QA人员　　C．SCM代表　　D．文档负责人

8．测试人员在软件配置管理中的工作主要是（　　）。

A．根据配置管理计划和相关规定，提交测试配置项和测试基线

B．建立配置管理系统

C．提供测试的配置审计报告

D．建立基线

9．如果没有做好配置管理工作，那么可能会导致（　　）。
①开发人员相互篡改各自编写的代码　②集成工作难以开展
③问题分析和缺陷修复工作被复杂化　④测试评估工作受阻
A．①③　　B．②④　　C．①②③　　D．①②③④

10．对于测试过程来说，哪些工作产品要纳入软件测试配置管理？（　　）
A．测试对象、测试材料和测试环境　　B．问题报告和测试材料
C．测试对象　　D．测试对象和测试材料

二、判断题（本大题共6小题，每小题5分，共30分）

11．软件测试报告完成后，一般不需要评审。（　　）
12．同行评审是比走查更严谨的一种评审形式。（　　）
13．软件质量保证的基本措施就是对软件进行确认测试。（　　）
14．保证软件质量的措施和手段有很多，测试是其中一种。（　　）
15．软件测试更多表现为技术型活动，而软件质量保证则是管理型活动特征更明显。（　　）
16．配置库中tags目录中的内容是可以修改的。（　　）

任务⑩ 用禅道软件管理测试项目

除了使用 Office 办公软件辅助完成软件测试，大部分测试团队都引入了测试管理工具，本任务简要介绍用禅道软件开展测试管理的方法，包括测试需求管理、测试用例管理、测试缺陷管理，以及测试单和测试报告管理，并给出项目实训的要求和步骤。

学习目标

- 了解禅道软件的安装和配置。
- 了解用禅道软件开展测试需求管理。
- 了解用禅道软件开展测试用例管理。
- 了解用禅道软件开展测试缺陷管理。
- 了解用禅道软件开展测试单和测试报告管理。
- 尝试用禅道软件开展软件测试项目的管理。

10.1 禅道软件简介

禅道是一款国产通用项目管理软件，它集产品管理、项目管理、质量管理、文档管理、组织管理和事务管理于一体，是一款专业的项目管理软件，完整地覆盖了项目管理的核心流程。

图 10-1 所示为禅道软件的主界面，左侧为主要功能模块，包括项目集、产品、项目、执行、测试等模块。

图 10-1 禅道软件的主界面

测试管理是该软件的一部分功能，测试人员可以通过该软件实现测试需求管理、测试用例编写和管理、测试缺陷报告和管理、测试报告管理等。

微课 10-1
禅道管理软件简介

10.2 禅道软件的安装和配置

10.2.1 禅道软件的版本

禅道软件有开源版、企业版、旗舰版等不同版本，可以部署在 Windows、Linux 等不同操作系统上。学习微课 10-2，掌握禅道开源版的下载和安装。

微课 10-2
禅道开源版下载安装

禅道软件安装完成后，首先需要以超级管理员的身份登录，然后将项目组成员添加到软件并根据角色赋予权限。学习微课 10-3，掌握创建和维护用户的方法。

微课 10-3
创建和维护用户

10.2.2 项目实训 1：安装和配置禅道软件

【实训目标】

正确安装并配置禅道软件。

【实训完成标准】

- 能用超级管理员的身份登录禅道软件。
- 项目组成员已经添加到禅道软件。

【实训任务和步骤】

任务1：下载禅道软件

到禅道软件的官方网站下载安装包。

任务2：安装禅道软件

- 安装禅道软件，配置数据库访问密码、超级管理员密码等。
- 用超级管理员的身份登录禅道软件。

任务3：创建项目组成员身份

为项目组成员创建账号并赋予权限。

10.3 禅道软件的测试需求管理

10.3.1 创建产品并提交需求

测试要围绕产品的需求，禅道软件中可以开展产品及其需求的管理。学习微课10-4，实现创建产品并提交需求。

微课10-4
创建产品并提交需求

10.3.2 项目实训2：利用禅道软件进行测试需求管理

【实训目标】

- 理解禅道软件的测试需求管理的方法。
- 能够将测试需求添加到禅道软件中并进行维护。

【实训完成标准】

将测试项目的所有测试需求添加至禅道软件的产品管理模块进行管理。

【实训任务和步骤】

任务1：创建产品

创建一个产品，并填写其基本信息。

任务2：为产品添加需求

将产品需求录入产品管理模块，并根据需要进行组织和管理。

10.4 禅道软件的测试用例管理

测试人员可以通过禅道软件开展测试用例管理，主要包括编写测试用例、执行测试用例、测试用例分类管理等。

10.4.1 编写测试用例

编写测试用例时，可以逐个创建测试用例，也可以批量创建测试用例。学习微课 10-5 和微课 10-6，掌握创建单个用例或批量创建用例的方法。

微课 10-5
编写用例-创建单个用例

微课 10-6
编写用例-批量创建用例

10.4.2 导入、导出测试用例

可以从 CSV 文件或者用例库导入测试用例，也可以导出全部或部分测试用例。学习微课 10-7 ~ 微课 10-9，掌握导入和导出用例的方法。

微课 10-7
导入用例-从 CSV 文件

微课 10-8
导入用例-从用例库导入

微课 10-9
导出用例

10.4.3 测试套件与公共用例库

测试套件（Test Suite）和用例库可以对用例进行分类管理。

测试套件把服务于同一个测试目的或同一运行环境下的一系列测试用例有机地组合起来。也就是把测试用例根据测试需求划分成不同的部分，每个部分就是一个测试套件。

公共用例库可以把不同的测试模块，或者是测试功能点所引用到的测试用例做分类管理，这样可以有效提高测试用例的复用性，公共用例库中的测试用例可以导入所有产品中。学习微课 10-10，掌握测试套件与公共用例库的使用方法。

微课 10-10
测试套件与公共用例库

10.4.4 测试用例执行和结果查看

测试用例设置完成后，可以直接在禅道软件上开展测试用例的执行并记录、查看结果。学习微课 10-11，掌握执行用例的方法；学习微课 10-12，学会查看用例及其执行结果。

微课 10-11
执行用例

微课 10-12
查看用例及其
执行结果

10.4.5 项目实训3：利用禅道软件进行测试用例管理

【实训目标】

- 能够编写测试用例。
- 能够执行测试用例。
- 能够借助测试套件和用例库管理测试用例。

【实训完成标准】

完成产品的测试用例编写。

【实训任务和步骤】

任务1：编写测试用例

为产品需求编写测试用例，并确保测试用例和需求正确关联。

任务2：尝试建立并使用用例库

将公共的测试用例建成用例库，并在其他产品或模块中进行复用。

任务3：执行测试用例

执行测试用例并记录测试结果。

10.5 禅道软件的测试缺陷管理

禅道软件可以开展测试缺陷管理，包括缺陷的录入、导出、查看报表，并对其进行生命周期管理。

10.5.1 提交缺陷报告

提交缺陷报告时，可以逐个提交，也可以批量提交。学习微课10-13和微课10-14，掌握提交缺陷。

微课 10-13
逐个提交缺陷
报告

微课 10-14
批量提交缺陷
报告

10.5.2　导出缺陷及查看缺陷报表

可以通过缺陷列表查看缺陷总体情况，并导出缺陷，也可以通过缺陷报表查看对缺陷的统计分析。具体操作见微课 10-15 和微课 10-16。

微课 10-15
查看缺陷列表

微课 10-16
导出缺陷及查看
缺陷报表

10.5.3　禅道软件中缺陷的生命周期

禅道软件中缺陷的生命周期是提交缺陷→确认缺陷→解决缺陷→验证关闭缺陷。如果缺陷再次出现，也可以重新被激活。

微课 10-17
禅道中缺陷的
生命周期

10.5.4　项目实训 4：利用禅道软件进行测试缺陷管理

【实训目标】

- 提交缺陷。
- 查看缺陷并生成分析报告。

【实训完成标准】

将测试发现的缺陷全部提交到禅道软件中进行管理，并用报表功能对测试缺陷进行分析。

【实训任务和步骤】

任务 1：提交缺陷

通过多种方式，将实践项目中发现的所有缺陷录入禅道软件中进行管理。

任务 2：关联缺陷和测试用例

将所有缺陷和测试用例关联起来。

任务 3：分析缺陷

分析每个功能模块的缺陷情况、整个产品的缺陷情况，并生成分析报告。

10.6 禅道软件的测试单和测试报告

10.6.1 测试单和测试报告

在禅道软件中，开发人员通过“执行”模块完成任务后，可以通过“提交测试”模块生成测试单，提交一个版本给测试人员，测试人员完成测试单相关的测试后可以为测试单生成一个测试报告。学习微课 10-18 和微课 10-19，掌握生成测试单和测试报告的方法。

10.6.2 项目实训 5：利用禅道软件进行测试报告管理

【实训目标】

能够用禅道软件为测试单生成测试报告。

【实训完成标准】

开发人员提交一个包含相关需求的测试单，为测试单生成一个测试报告。

【实训任务和步骤】

任务 1：创建项目

在“项目”模块中创建一个项目，关联到已建立的产品，并关联产品需求到项目中。

任务 2：创建执行

- 在“执行”模块中创建一个执行，关联到任务 1 创建的项目，并关联项目需求到执行中。
- 在“执行”模块中创建一个版本，并关联执行需求到版本中。
- 将新建的版本提交测试并生成测试单。

任务 3：完成测试单

- 根据测试单的需求，关联相关的测试用例。
- 完成测试用例的执行，并记录缺陷。

任务 4：生成测试报告

为测试单生成测试报告，并浏览测试报告。

任务 11 观摩项目实战样例

本任务根据软件测试的一般过程给出在线课程作业管理系统的关键测试文档，包括测试需求列表、测试计划、测试用例、缺陷报告清单、测试总结报告等。

学习目标

结合理论进一步理解软件测试过程中关键测试文档的主要内容以及表达方式。

11.1 项目测试需求列表

在线课程作业管理系统

测试需求列表

1. 功能测试

在线课程作业管理系统的功能测试需求列表见表 1。

表 1 功能测试需求列表

测试项	测试子项	测试点
1.1 用户登录	1.1.1 用户注册	……
	1.1.2 用户登录	● 管理员成功登录 ● 教师成功登录 ● 学生成功登录 ● 登录失败（用户名不正确） ● 登录失败（密码不正确）
	1.1.3 修改密码	● 初始密码验证 ● 修改密码成功 ● 修改密码失败
	1.1.4 信息编辑	……
1.2 课程管理	1.2.1 新建课程	● 新建课程页面信息验证 ● 新建课程成功 ● 新建课程失败（必填信息未填写）

续表

测试项	测试子项	测试点
1.2 课程管理	1.2.1 新建课程	● 新建课程失败（填写信息有误） ● 取消新建课程
	1.2.2 修改课程	● 修改课程页面信息验证 ● 修改课程成功 ● 修改课程失败（必填信息未填写） ● 修改课程失败（填写信息有误） ● 取消修改课程
	1.2.3 删除课程	● 删除课程窗口信息验证 ● 确定删除课程 ● 取消删除课程 ● 验证有关联作业的课程不能删除
	1.2.4 查询课程	● 单条件查询 ● 组合查询
	1.2.5 关闭课程	● 修改课程状态为“关闭”，验证不能添加试题和作业
	1.2.6 发布课程	● 修改课程状态为“发布”，验证可以添加试题和作业
……	……	……

2. 易用性测试

在线课程作业管理系统的易用性测试需求列表见表2。

表2　易用性测试需求列表

测试项	测试子项	测试点
2.易用性	2.1 可辨识性	● 能够通过系统界面及菜单使用户快速了解系统
	2.2 易学习性	● 能够根据用户需求说明使用户容易学会使用该系统
	2.3 易操作性	● 能够满足系统提示信息易于理解的要求，便于完成功能操作或纠正使用中的错误
	2.4 用户差错防御性	● 能够满足系统在执行严重行为（如删除）前，给出这种行为后果的明显警告，并且在这种行为执行前要求确认的要求
	2.5 用户界面舒适性	● 能够满足用户界面不出现乱码、不清晰的文字或图片等影响界面美观的情况的要求

3. 可靠性测试

在线课程作业管理系统的可靠性测试需求列表见表 3。

表 3 可靠性测试需求列表

测试项	测试子项	测试点
3.可靠性测试	3.1 成熟性	● 能够满足软件的故障密度小于每功能 4 个的要求
	3.2 容错性	● 能够屏蔽用户的错误操作；用户有错误操作时，系统不崩溃、不异常、不退出、不丢失数据
	3.3 可用性	● 系统在模拟 20 个用户负载、不设置集合点、不加载静态资源、10s 思考时间情况下，1h 内不间断重复运行“用户登录→添加试题→查询试题→添加作业”的操作，系统能稳定运行

4. 可移植性测试

在线课程作业管理系统的可移植性测试需求列表见表 4。

表 4 可移植性测试需求列表

测试项	测试子项	测试点
4.兼容性	4.1 浏览器兼容性	● 能够支持 Google Chrome 浏览器运行
		● 能够支持 Microsoft Edge 浏览器运行

5. 性能效率测试

在线课程作业管理系统的性能效率测试需求列表见表 5。

表 5 性能效率测试需求列表

测试项	测试子项	测试点
5.性能效率	5.1 时间特性	● 能够支持 40 个学生用户“查看反馈”功能并发，平均响应时间≤5 秒，错误率≤5%，TPS≥0 事务/s

在线课程作业管理系统的其他相关测试这里不再赘述。

11.2 项目测试计划

在线课程作业管理系统

测试计划

目　录

6. 测试管理

6.1 角色和职责

6.2 测试开始标准

6.3 测试完成标准

6.4 测试缺陷管理

7. 风险和应急

修订记录示例见表 1。

表 1 修订记录示例

版本	修订人	审批人	日期	修订描述
1.0	***	***	2024-05-09	根据评审意见进行细节修改
0.91	***	***	2024-05-08	补充综合场景测试
0.9	***	***	2024-05-08	完成初稿

1. 概述

1.1 编写目的

本文档是在线课程作业管理系统测试计划文档。通过对《在线课程作业管理系统需求规格说明书》(以下简称为《需求规格说明书》)和其他项目信息的分析、整理，为了明确测试范围、分配测试任务、规范测试流程，特编写本文档，具体编写目的如下。

① 确定被测系统的信息，了解被测系统的构件，方便开展测试。

② 确定测试对象，确定测试范围，列出测试需求。

③ 明确测试任务分工，进行项目总体进度安排，预估测试任务的工作量。

④ 确定测试所需的软硬件资源以及人力资源，确保测试项目的顺利开展。

⑤ 列出测试可采用的策略和方法，便于科学、有效地进行测试。

⑥ 列出项目产出的可交付文档。

⑦ 预估项目风险和成本，并制订应对措施。

本文档可能的读者为该项目的项目经理、软件开发人员、软件测试人员等与项目相关的其他干系人。

1.2 术语和缩略语

术语和缩略语示例见表 2。

表 2 术语和缩略语示例

术语和缩略语	解　　释
课程执行（执行）	是指课程的一次实施，一般会指明授课教师、开始和结束时间、参加的学生

1.3 参考资料

参考资料示例见表3。

表3 参考资料示例

编号	作者	文献名称	出版单位（或归属单位）	日期
1	***	用户需求规格说明书_在线课程作业管理系统_V1.0	开发部需求分析小组	2023-12
2	***	软件需求规格说明书_在线课程作业管理系统_V1.0	开发部需求分析小组	2023-12
3	***	在线课程作业管理系统_项目计划书	开发部实施小组	2024-01
4	***	项目工作任务书_在线课程作业管理系统_V1.0	开发部实施小组	2024-01
5	***	软件设计说明书_在线课程作业管理系统_V1.0	开发部实施小组	2024-02

2. 测试对象分析

2.1 项目背景以及用户分析

- 项目名称：在线课程作业管理系统。
- 项目架构：B/S架构，在PC端运行（Android版本暂不开发）。
- 项目背景简介：随着信息化时代的到来，教育信息化需求越来越多，作业作为授课过程中的重要一环，一方面可以督促学生，进行课后巩固；另一方面是教师获取学生知识掌握情况的重要反馈途径。授课过程中的作业管理部分也亟须实现电子化管理，以便作业的查询、提交、批改和评价，提高教师工作效率。该项目能够实现新建课程、新建试题、新建作业、提交作业、批改作业、查看反馈等功能。

该系统的用户主要为高等教育学校的教师、学生，教育培训机构的教师和学生。

2.2 测试目的

本次测试的目的是测试系统是否满足《需求规格说明书》中的需求，主要有以下几点。

① 测试系统的功能是否实现，并且是否与需求保持一致。

② 测试系统在主流浏览器（如Microsoft Edge、Google Chrome）上的可移植性是否达到《需求规格说明书》中的需求。

③ 验证系统业务逻辑是否正确。

④ 尽可能多地发现系统存在的缺陷。

⑤ 反馈系统存在的缺陷。

2.3 测试提交文档

本次测试需要提交的文档如下。

- 《在线课程作业管理系统测试计划》。
- 《在线课程作业管理系统测试用例》。
- 《在线课程作业管理系统缺陷报告清单》。
- 《在线课程作业管理系统测试总结报告》。

2.4 测试范围

本次测试主要进行系统的功能性测试和非功能性测试（主要针对可移植性），具体测试范围为用户注册及登录、课程管理、课程题库管理、课程执行管理、课程作业管理 5 个模块。在线课程作业管理系统测试范围分析见图 1。

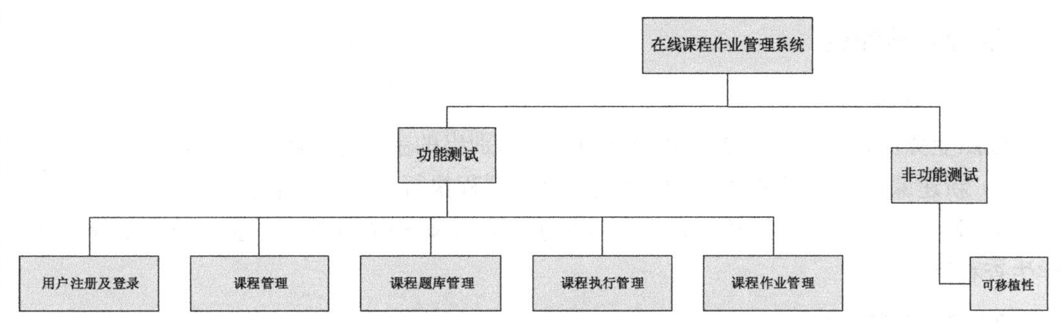

图 1 在线课程作业管理系统测试范围分析

3．测试内容和策略

3.1 功能测试

3.1.1 测试内容

具体测试内容为用户注册及登录、课程管理、课程题库管理、课程执行管理、课程作业管理 5 个模块的功能。

3.1.2 测试方法

功能测试以手工测试为主，在 Microsoft Edge 上执行。

测试数据以测试人员创建的虚拟数据为主。

由于该系统为 B/S 架构的系统，测试的对象是一个个页面，测试时的主要关注点如下。

- 页面查看。页面文字正确，布局排列合理，颜色协调，按钮齐全。
- 业务逻辑正确。注意不同页面之间数据的引用和关联关系。
- 页面的输入框比较多。注意对输入提示的测试，以及正、反测试用例的设计。

3.2 可移植性测试

3.2.1 测试内容

可移植性主要测试软件针对不同浏览器的适应性，重点测试 Microsoft Edge 和 Google Chrome 两个浏览器。

3.2.2 测试方法

测试主要采用手工测试方法。

测试数据以测试人员创建的虚拟数据为主。

根据以往测试的结果和经验，在进行测试时重点关注页面的信息展示。

- 页面打开后页面的整体布局。
- 页面文本框输入时信息的显示以及对齐方式。

3.3 综合场景测试

3.3.1 测试内容

按照业务流程的实际场景开展综合测试，识别出的主要综合场景如下。

① 新建课程→发布课程→新建试题→创建课程执行→新建作业。

② 教师新建作业→教师发布作业→学生浏览作业→学生提交作业→教师批改作业→学生查看反馈。

3.3.2 测试方法

以手工测试方法为主，重点是识别相对完整的业务流程，模拟用户工作流程。测试数据以用户提供的真实数据为主，数据存放的位置可以从测试服务器获取。

……

4．测试资源（环境、人力）

4.1 测试环境

测试环境与用户真实环境差异分析：测试环境多使用用户环境的推荐配置，用户环境复杂多变，测试环境需覆盖主要的用户环境。

4.1.1 硬件环境配置

硬件环境配置见表4。

表4 硬件环境配置

关键项	数量	配置
测试 PC（客户端）	4	CPU：I7-8700/内存：16G/硬盘：256GB SSD+1TB/显示器 23.8 英寸
服务器端	1	CPU：至强 4114 2.2GHz/内存：128GB/硬盘：4×960GB

4.1.2 软件环境配置

软件环境配置见表 5。

表 5 软件环境配置

资源名称/类型	配 置
操作系统环境	PC 操作系统：Windows 10
浏览器环境	浏览器有：Google Chrome，Microsoft Edge
测试工具	无

4.2 测试人力资源

4.2.1 人力资源需求

本次测试共需 4 名测试人员，其中，测试负责人需要擅长沟通、协作以及与外界交互，另外 3 名测试人员需要在 2024 年 5 月 6 日之前到位，全程参与大约 3 周时间。

4.2.2 人员培训需求

4 名测试人员中有一名初级测试工程师，需要参加培训，培训项目及介绍见表 6。

表 6 培训项目及介绍

培训名称	培训日期	培训范围及对象	培训讲师	培训目标
测试过程培训（包括缺陷管理指南等）	2024 年 4 月	测试组人员	EPG 组人员	掌握测试过程和缺陷处理过程

5. 测试任务安排和进度计划

5.1 测试进度计划

本次测试大约进行 3 周，计划开始和结束时间分别是 2024 年 5 月 6 日、2024 年 5 月 26 日。

里程碑计划见图 2。

注意：测试计划在软件需求确定后已经完成并在测试组内讨论，项目进入测试后会根据更新后的软件需求和软件实际开发的功能点对测试计划进行更新。

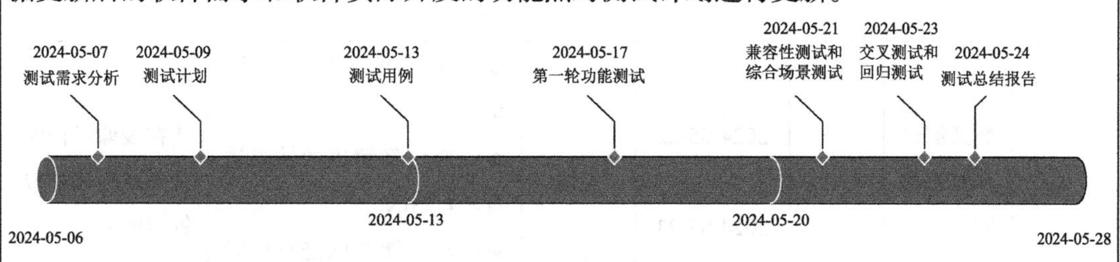

图 2 里程碑计划图

表 7 所示为本次测试进度具体安排。

表7　测试进度具体安排

编号	测试阶段	工作天数	时间安排	参与人员	测试工作内容安排	产出
1	测试需求分析和测试准备	2	2024-05-06 — 2024-05-07	全体	● 分析测试需求，明确测试范围 ● 组内讨论，确定模块分工 ● 搭建测试环境	① 软件需求存在的问题 ② 测试需求 ③ 确定模块分工 ④ 测试环境准备完毕
2	确定测试计划并评审计划	2	2024-05-08 — 2024-05-09	测试负责人	● 根据需求分析结果和分工约定编写测试计划 ● 进一步明确测试范围和测试策略 ● 评审测试计划	《在线课程作业管理系统测试计划》 《测试计划评审报告》
3	编写测试用例并准备测试数据	5	2024-05-08 — 2024-05-13	全体	● 根据分工设计编写所负责模块的测试用例 ● 准备测试数据	《在线课程作业管理系统测试用例》
4	第一轮功能测试	4	2024-05-14 — 2024-05-17	全体	● 在 Edge 执行所负责模块的测试用例 ● 提交发现的缺陷 ● 及时测试已经解决的缺陷	《在线课程作业管理系统缺陷报告清单》
5	可移植性测试和综合场景测试	2	2024-05-20 — 2024-05-21	全体	● 执行可移植性测试和综合场景测试 ● 提交发现的缺陷 ● 及时测试已经解决的问题	《在线课程作业管理系统缺陷报告清单》
6	交叉测试和回归测试	2	2024-05-22 — 2024-05-23	全体	● 交换功能模块自由测试 ● 对已经解决的缺陷进行回归测试 ● 对功能测试进行回归测试	《在线课程作业管理系统缺陷报告清单》

续表

编号	测试阶段	工作天数	时间安排	参与人员	测试工作内容安排	产出
7	编写测试总结报告	1	2024-05-24	测试负责人	● 汇总测试数据 ● 分析测试结果 ● 编写测试总结报告	《在线课程作业管理系统测试总结报告》
8	总结经验并备份文档	1	2024-05-24	测试人员	● 整理项目产出文档 ● 总结经验 ● 备份文档到项目资产库	项目文档和经验总结提交到项目资产库

5.2 测试功能模块分工

表 8 所示为在线课程作业管理系统的功能模块分工。

表 8 功能模块分工

需求编号	用户角色	模块名称	功能名称	测试人员
Function01.01	教师 学生	用户注册及登录	用户注册	林**
Function01.02	教师 学生		用户登录	林**
Function01.03	教师 学生		修改密码	林**
Function01.04	教师 学生		信息编辑	林**
Function02.01	教师	课程管理	新建课程	钟**
Function02.02	教师		修改课程	钟**
Function02.03	教师		删除课程	钟**
Function02.04	教师 学生		查询课程	钟**
……	……		……	……
Function03.01	教师	课程题库管理	新建试题	张**
Function03.02	教师		查看试题	张**
Function03.03	教师		审核试题	张**

续表

需求编号	用户角色	模块名称	功能名称	测试人员
Function03.04	教师	课程题库管理	搜索试题	张**
……	……		……	……
Function04.01	教师	课程执行管理	创建课程执行	钟**
Function04.02	教师		关闭课程执行	钟**
Function05.01	教师	课程作业管理	新建作业	吴**
Function05.02	教师		发布作业	吴**
Function05.03	教师 学生		浏览作业	吴**
Function05.04	学生		提交作业	吴**
……	……		……	……

5.3 测试任务分解及具体安排

表 9 所示为测试任务具体安排，任务开展情况会实时更新在项目管理平台。如果需要，可以通过访问项目管理平台获取最新结果。

表 9 测试任务具体安排

任务名称	工期估算	开始时间	完成时间	分配给
测试需求分析和测试准备	2	2024-05-06	2024-05-07	
学习软件需求并记录需求问题	1	2024-05-06	2024-05-06	林**、吴**、张**、钟**
分析测试需求，讨论测试要点	0.5	2024-05-07	2024-05-07	林**、吴**、张**、钟**
讨论模块分工	0.5	2024-05-07	2024-05-07	林**、吴**、张**、钟**
准备测试环境	0.5	2024-05-07	2024-05-07	钟**
确定测试计划	2	2024-05-08	2024-05-09	
编写测试计划	2	2024-05-08	2024-05-09	林**
评审测试计划	1	2024-05-09	2024-05-09	林**
编写测试用例，准备测试数据	5	2024-05-08	2024-05-13	
用户注册及登录模块	1	2024-05-08	2024-05-08	林**
课程管理模块	5	2024-05-08	2024-05-13	钟**
课程题库管理模块	5	2024-05-08	2024-05-13	张**
课程执行管理模块	1	2024-05-09	2024-05-09	钟**

续表

任务名称	工期估算	开始时间	完成时间	分配给
课程作业管理模块	5	2024-05-08	2024-05-13	吴**
综合测试用例	3	2024-05-10	2024-05-13	林**
第一轮功能测试（Edge）	4	2024-05-14	2024-05-17	
用户注册及登录模块	4	2024-05-14	2024-05-17	林**
课程管理模块	4	2024-05-14	2024-05-17	钟**
课程题库管理模块	4	2024-05-14	2024-05-17	张**
课程执行管理模块	4	2024-05-14	2024-05-17	钟**
课程作业管理模块	4	2024-05-14	2024-05-17	吴**
可移植性测试和综合场景测试	2	2024-05-20	2024-05-21	
用户注册及登录模块—可移植性（Chrome）	1	2024-05-20	2024-05-20	林**
课程管理模块—可移植性（Chrome）	2	2024-05-20	2024-05-21	钟**
课程题库管理模块—可移植性（Chrome）	2	2024-05-20	2024-05-21	张**
课程执行管理模块—可移植性（Chrome）	2	2024-05-20	2024-05-21	钟**
课程作业管理模块—可移植性（Chrome）	2	2024-05-20	2024-05-21	吴**
综合测试用例执行（Edge）	1	2024-05-21	2024-05-21	林**
交叉测试和回归测试	2	2024-05-22	2024-05-23	
功能回归测试（按模块分工）	1	2024-05-22	2024-05-22	林**、吴**、张**、钟**
回归测试已解决缺陷（按模块分工）	0.5	2024-05-23	2024-05-23	林**、吴**、张**、钟**
自由交叉测试	0.5	2024-05-23	2024-05-23	林**、吴**、张**、钟**
测试总结	1	2024-05-24	2024-05-24	
完成测试总结报告	1	2024-05-24	2024-05-24	林**
经验总结，文档备案	1	2024-05-24	2024-05-24	林**、吴**、张**、钟**

6. 测试管理

6.1 角色和职责

（1）测试组外部角色职责

项目经理（林**）：跟踪、分配、监督系统测试期间发现的问题。

开发人员：跟踪、解决系统测试期间发现的缺陷。

（2）测试组内部角色职责

测试组内部角色职责见表 10。

表 10 测试组内部角色职责

角 色	人 员	主要职责
测试负责人	林**	① 设定测试流程 ② 协调项目安排，跟踪测试进度 ③ 需求分析 ④ 编写测试计划 ⑤ 编写负责模块的测试用例 ⑥ 对系统进行功能测试 ⑦ 收集缺陷，汇总分析 ⑧ 编写测试总结报告，整理并提交测试文档
测试工程师	吴** 张** 钟**	① 需求分析 ② 编写负责模块的测试用例 ③ 对系统进行功能测试，执行相应的测试用例 ④ 提交缺陷报告，进行缺陷回归测试

注意：以上内、外部项目干系人的联系方式可以在公司 OA 系统获取。

（3）工作汇报

① 测试人员每天向测试负责人汇报测试任务执行情况。

② 测试负责人每周向项目经理汇报测试进度和产品质量状况。

6.2 测试开始标准

被测对象必须同时满足以下条件才可以进入测试。

① 需求的各功能点已 100%实现。

② 交付测试的版本已经通过基本的测试（用于检查版本的测试用例集全部执行通过）。

6.3 测试完成标准

本次测试完成的标准如下。

① 测试用例按要求执行完毕。

② 最后一轮全量测试没有发现新的缺陷。

③ 测试的缺陷解决比例在90%以上，无“重要”及以上级别的缺陷遗留。

④ 测试报告审批通过。

6.4 测试缺陷管理

测试缺陷的提交和管理遵循《缺陷管理指南》，可以通过项目管理平台的“流程和规范”获取该文档。

测试发现的所有缺陷通过公司项目管理平台统一管理。

7. 风险和应急

从测试项目的时间、人力资源、技术难度、沟通等多方面进行风险识别，该项目可能存在的风险、相关风险的规避措施以及相应的风险跟踪人参见表11。

表11 风险分析、规避措施及跟踪人

编号	风险描述	严重程度	规避措施	跟踪人
1	发现阻碍测试开展的严重缺陷	高	积极督促开发人员尽快解决	林**
2	可能在Edge和Chrome以外的浏览器上出现的问题	中	① 交叉自由测试阶段，测试人员在其他浏览器开展测试 ② 在后续的Alpha和Beta测试阶段加强浏览器的适应性测试	林**
3	被测系统不能按时交付测试（根据以往经验，发生概率比较高）	高	由于产品上线时间已经确定，需要通过加班或增加人手来确保在截止日期之前完成测试。需要测试负责人与外部协商沟通	林**
4	团队有一名新测试人员，缺少经验，可能导致测试不充分	低	① 充分分析软件需求，熟悉测试需求点 ② 开展自由交叉测试，弥补单兵作战的不足 ③ 对新测试人员进行培训和充分的指导	林**

11.3 项目测试用例

由于在线课程作业管理系统项目的测试用例比较多，这里只给出一部分测试用例，见表11-1。

表 11-1　部分测试用例

在线课程作业管理系统测试用例							
测试用例编号	测试项目	测试标题	重要级别	预置条件	输　入	执行步骤	预期输出
Function01.02-001	登录功能测试	登录页面显示正确性验证	低	登录页面正常显示	打开登录页面	打开登录页面	① 页面文字和按钮文字显示正确 ② 布局合理 ③ 颜色协调
Function01.02-002	登录功能测试	用户名存在，密码存在且匹配，验证码匹配	高	用户名存在，密码存在且匹配，验证码匹配	① 用户名：student ② 密码：student123 ③ 验证码：与图片匹配	① 输入数据 ② 单击“登录”	登录成功
Function01.02-003	登录功能测试	用户名、密码均为1个字符长	高	用户名存在，密码存在且匹配，验证码匹配	① 用户名：1个字符长 ② 密码：1个字符长 ③ 验证码：与图片匹配	① 输入数据 ② 单击“登录”	登录成功
Function01.02-004	登录功能测试	用户名、密码均为5个字符长	高	用户名存在，密码存在且匹配，验证码匹配	① 用户名：5个字符长 ② 密码：5个字符长 ③ 验证码：与图片匹配	① 输入数据 ② 单击“登录”	登录成功

续表

在线课程作业管理系统测试用例							
测试用例编号	测试项目	测试标题	重要级别	预置条件	输　入	执行步骤	预期输出
Function01.02-005	登录功能测试	用户名、密码均为 10 个字符长	高	用户名存在，密码存在且匹配，验证码匹配	① 用户名：10 个字符长 ② 密码：10 个字符长 ③ 验证码：与图片匹配	① 输入数据 ② 单击“登录”	登录成功
Function01.02-006	登录功能测试	用户名错误（未注册），其他字段正确	高	密码存在，验证码匹配	① 用户名：未注册 ② 密码：student123 ③ 验证码：与图片匹配	① 输入数据 ② 单击“登录”	登录失败，提示用户名错误
Function01.02-007	登录功能测试	用户名错误（空），其他字段正确	高	密码存在，验证码匹配	① 用户名： ② 密码：student123 ③ 验证码：与图片匹配	① 输入数据 ② 单击“登录”	登录失败，提示用户名错误
Function01.02-008	登录功能测试	密码错误（不匹配），其他字段正确	高	用户名存在，验证码匹配	① 用户名：student ② 密码：不匹配 ③ 验证码：与图片匹配	① 输入数据 ② 单击“登录”	登录失败，提示密码错误
Function01.02-009	登录功能测试	密码错误（空），其他字段正确	高	用户名存在，验证码匹配	① 用户名：student ② 密码： ③ 验证码：与图片匹配	① 输入数据 ② 单击“登录”	登录失败，提示密码错误
Function01.02-010	登录功能测试	验证码错误（全部大写）	高	用户名存在；密码存在且匹配；验证码不匹配，全部大写	① 用户名：student ② 密码：student123 ③ 验证码：输入大写字母	① 输入数据 ② 单击“登录”	登录失败，提示验证码错误
Function01.02-011	登录功能测试	验证码错误（全部小写）	高	用户名存在；密码存在且匹配；验证码不匹配，全部小写	① 用户名：student ② 密码：student123 ③ 验证码：输入小写字母	① 输入数据 ② 单击“登录”	登录失败，提示验证码错误

续表

在线课程作业管理系统测试用例							
测试用例编号	测试项目	测试标题	重要级别	预置条件	输　入	执行步骤	预期输出
Function01.02-012	登录功能测试	验证码正确	高	用户名存在，密码存在且匹配，验证码匹配	① 用户名：student ② 密码：student123 ③ 验证码：与图片匹配	① 输入数据 ② 单击“登录”	登录成功
Function01.02-013	登录功能测试	验证码错误（不匹配），其他字段正确	高	用户名存在，密码存在且匹配	① 用户名：student ② 密码：student123 ③ 验证码：与图片不匹配	① 输入数据 ② 单击“登录”	登录失败，提示验证码错误
Function01.02-014	登录功能测试	验证码错误（空），其他字段正确	高	用户名存在，密码存在且匹配	① 用户名：student ② 密码：student123 ③ 验证码：	① 输入数据 ② 单击“登录”	登录失败，提示验证码错误
Function01.02-015	登录功能测试	忘记密码	中	正常打开登录页面	无	单击“忘记密码”	弹出提示“联系管理员”
Function01.02-016	登录功能测试	更换验证码	中	正常打开登录页面	无	单击验证码后面的“换一张”按钮	验证码更换

11.4 项目缺陷报告清单

在线课程作业管理系统测试缺陷有 90 多个，这里只给出一部分测试缺陷，见表 11-2。

表 11-2 部分测试缺陷

在线课程作业管理系统缺陷报告清单						
缺陷编号	模块名称	摘　要	描　述	严重程度	提 交 人	附件说明
1	用户注册及登录	在登录页面输入带小数点的用户名，登录不应该出现 400 错误	浏览器：Microsoft Edge 124.0.2478.97。 步骤复现： ① 打开登录页面； ② 输入一个带小数点的用户名进行登录； ③ 在其他输入框正确输入。 预期结果： 弹出错误提示信息。 实际结果： 出现 400 错误	严重	林**	HTTP Status 400 - type Status report message description The request sent by the client was syntactically incorrect. Apache Tomcat/7.0.61
2	用户注册及登录	在登录页面，验证码更换按钮没有实现	浏览器：Microsoft Edge 124.0.2478.97。 步骤复现： ① 打开登录页面； ② 在各输入框正确输入； ③ 单击验证码后面的“换一张？”按钮。 预期结果： 验证码更换。 实际结果： 验证码没有更换	中等	林**	K81X 换一张？

续表

在线课程作业管理系统缺陷报告清单						
缺陷编号	模块名称	摘　要	描　述	严重程度	提 交 人	附件说明
3	用户注册及登录	在登录页面，“忘记密码？”的红色字体与底色为蓝色的页面冲突	浏览器：Microsoft Edge 124.0.2478.97。 步骤复现： ① 打开登录页面； ②“忘记密码？”字体的颜色为红色，页面底色为蓝色。 预期结果： 两者颜色不该冲突。 实际结果： 两者颜色冲突。	轻微	林**	验证码
4	用户注册及登录	Google Chrome 的适应性问题，在登录页面，输入框都没有任何提示信息	浏览器：Google Chrome 124.0.6367.207。 步骤复现： 打开登录页面。 预期结果： 输入框内应该有相应的提示信息。 实际结果： 输入框内没有相应的提示信息。	中等	林**	

续表

在线课程作业管理系统缺陷报告清单						
缺陷编号	模块名称	摘　要	描　述	严重程度	提 交 人	附件说明
5	用户注册及登录	Google Chrome 适应性问题，在登录页面，验证码输入框输入的内容没有居中	浏览器：Google Chrome 124.0.6367.207。 步骤复现： 打开登录页面。 预期结果： 在验证码输入框输入的内容居中显示。 实际结果： 在验证码输入框输入的内容没有居中显示。	轻微	林**	7qtl
6	用户注册及登录	在个人信息页面输入的手机号长度小于 11 位时仍可保存	浏览器：Microsoft Edge 124.0.2478.97。 步骤复现： ① 打开个人信息页面； ② 在电话输入框输入一个长度小于 11 位的手机号。 预期结果： 修改不成功。 实际结果： 修改成功！	重要	林**	修改成功! 姓名：广州番禺职业技术学院 手机号：123456

续表

在线课程作业管理系统缺陷报告清单						
缺陷编号	模块名称	摘　要	描　述	严重程度	提 交 人	附件说明
7	课程管理	在课程管理页面，单击“新增”按钮不应该出现 404 错误	浏览器：Microsoft Edge 124.0.2478.97。 步骤复现： ① 以学生账号登录，打开课程管理页面； ② 单击“新增”按钮。 预期结果： 提示没有权限操作。 实际结果： 出现 404 错误。 以学生账号登录后，建议“新增”按钮不显示或者以灰色显示，用于表示没有权限操作	严重	钟**	抱歉,系统错误 404
8	课程管理	修改课程时，在未修改信息的情况下，按钮颜色突出显示，不合逻辑	浏览器：Microsoft Edge 124.0.2478.97。 步骤复现： ① 以教师权限登录，进入课程管理页面； ② 选择一个课程，单击“修改”按钮，弹出浮窗。 预期结果： 未修改任何信息时，“取消”按钮显示为蓝色，“提交”按钮显示为灰色。 实际结果： “取消”按钮显示为灰色，“提交”按钮显示为蓝色。	轻微	钟**	提交 取消

续表

在线课程作业管理系统缺陷报告清单						
缺陷编号	模块名称	摘　　要	描　　述	严重程度	提 交 人	附件说明
9	课程管理	关闭课程时缺少确认关闭的询问	浏览器：Microsoft Edge 124.0.2478.97。 步骤复现： ① 以教师权限登录，进入课程管理页面； ② 选择一个课程，单击“关闭”按钮。 预期结果： 弹出询问框，询问是否确认关闭。 实际结果： 课程直接变为关闭状态。	轻微	钟**	

11.5 项目测试总结报告

测试总结报告是对被测产品的评价，是对测试活动的总结。在线课程作业管理系统测试总结报告对测试产品和测试活动进行了全面总结。

在线课程作业管理系统

测试总结报告

目　录

1. 引言

1.1 编写目的

本文档为在线课程作业管理系统的测试总结报告，目的在于回顾测试过程，总结并分析测试结果，说明系统在功能和可移植性方面是否满足需求，对系统质量进行评价。本文档的目的如下。

① 分析测试结果并以图表等形式进行展现，以便直观地了解系统中存在的问题。

② 根据测试结果对系统进行质量评价，并根据测试结果提出改进建议。

③ 对测试过程进行总结，以便提高测试人员的测试能力。

本文档可能的合法读者为项目开发人员、项目经理、项目测试人员等与项目相关的干系人。

1.2 参考文档

参考文档见表 1。

表 1　参考文档

文档名称	版　本	文档地址	作者
在线课程作业管理系统需求规格说明书	1.0	http://...	测试小组
在线课程作业管理系统测试计划	1.0	http://...	测试小组
在线课程作业管理系统测试用例	1.0	http://...	测试小组
在线课程作业管理系统缺陷报告清单	1.0	http://...	测试小组

2. 测试基本信息

2.1 测试基本信息介绍

测试基本信息介绍见表 2。

表 2　测试基本信息介绍

对应的测试计划	《在线课程作业管理系统测试计划》
被测对象简介	● 该系统为 B/S 架构，在 PC 上运行 ● 该系统的用户主要为高等教育学校的教师、学生，以及教育培训机构的教师和学生 ● 该系统能够创建课程、为课程创建题库、建立一次课程授课，并在授课过程中创建作业、提交作业答案、评价作业、反馈作业
测试内容描述	① 系统的功能测试（包括 5 个模块：用户注册及登录模块、课程管理模块、课程题库管理模块、课程执行管理模块、课程作业管理模块） ② 系统的可移植性测试，主要是针对不同浏览器的适应性（Microsoft Edge 和 Google Chrome）
测试人员	测试负责人：林** 测试工程师：钟**、吴**、张**
测试时间	2024-05-06—2024-05-28，共计 18 个工作日

2.2 测试环境与配置

2.2.1 硬件环境配置

硬件环境配置见表 3。

表3　硬件环境配置

关键项	数　量	配　置
测试PC（客户端）	4	CPU：I7-8700/内存：16G/硬盘：256GB SSD+1TB/显示器23.8英寸
服务器端	1	CPU：至强 4114 2.2GHz/内存：128GB/硬盘：4×960GB

2.2.2 软件环境配置

软件环境配置见表4。

表4　软件环境配置

资源名称/类型	配　置
操作系统环境	PC操作系统：Windows 10
浏览器环境	浏览器有：Google Chrome，Microsoft Edge
测试工具	无

3. 测试充分性分析

（1）测试环境

测试环境多使用用户环境的推荐配置，用户环境复杂多变，测试环境覆盖主要的用户环境。如果产品在测试环境中通过，则在用户环境中也可以通过。

（2）测试数据

在分模块测试中，测试数据主要是测试人员自己创造的数据，这部分数据主要是根据等价类划分法、边界值分析法等测试用例设计方法自行创造的数据。

在综合测试中，使用的数据来自用户真实数据，是授课用到的真正的课程、题目、作业，最大程度模拟用户的真实场景。该测试可确保系统能支持用户真实数据的运行。

（3）测试内容和方法

本次测试主要采用黑盒测试法，针对系统的需求分析结果，采用黑盒测试法中的等价类划分、边界值分析、错误推测等测试方法。

测试时，首先安排一轮全面的功能测试。功能测试在Microsoft Edge上执行，主要用于测试单个功能模块的功能正确性。然后安排Google Chrome上的可移植性测试和Microsoft Edge上的综合案例测试。为了弥补人员定向思维的不足，还安排自由交叉测试。由于测试开展过程中，开发人员也在修复缺陷，因此在测试后期安排了第二轮全量的功能回归测试，确保修复过程中没有引入新的缺陷。

以上安排全面、充分地对系统进行了功能测试和可移植性测试。

4. 测试结果及分析

4.1 整体情况

本次测试共设计测试用例605个，测试用例执行率为100%。

测试发现缺陷93个，其中，第一轮功能测试发现缺陷78个，可移植性测试发现缺陷

10个，综合场景测试发现缺陷1个，回归测试发现缺陷4个。最后一次全量回归没有发现新的缺陷。

截止到写此文档的时间点，缺陷状态统计见表5。

表5 缺陷状态统计表

缺陷状态	缺陷个数（总数93个）	备注说明
暂时不解决	1	系统不支持小组合作类型的作业，此需求为后续添加的，已经确定将此功能放在以后的版本中开发
正在解决	2	这两个缺陷属于视图显示缺陷，缺陷严重程度为轻微
已解决	90	占比约97%

4.2 功能测试结果

功能测试测试了被测系统的5个功能模块，共26个功能点（具体参考测试计划中的功能测试内容）。测试中，部分功能点业务逻辑较为复杂，例如课程作业管理，涉及两个角色，流转复杂，填写的信息项较多，测试难度较大。

功能测试共运行测试用例605个，发现缺陷83个，严重级别缺陷主要表现在角色权限不正确而导致的系统错误，重要级别的缺陷主要是业务逻辑不正确。所有中等及以上级别缺陷已经全部解决。

4.3 可移植性测试结果

可移植性测试中共执行测试用例591个，发现缺陷10个，主要是页面显示和缺少输入提示类的缺陷，已经全部解决。

4.4 测试用例汇总

本次测试在设计测试用例时充分考虑了等价类和边界值，功能测试用例汇总见表6。

表6 功能测试用例汇总

模块名称	用户角色	功能名称	用例数量	用例设计人员	用例执行人员
用户注册及登录	教师 学生	用户注册	89	林**	林**
	教师 学生	用户登录		林**	林**
	教师 学生	修改密码		林**	林**
	教师 学生	信息编辑		林**	林**

续表

模块名称	用户角色	功能名称	用例数量	用例设计人员	用例执行人员
课程管理	教师	新建课程	77	钟**	钟**
	教师	修改课程		钟**	钟**
	教师	删除课程		钟**	钟**
	教师	查询课程		钟**	钟**
	教师	关闭课程		钟**	钟**
	教师 学生	发布课程		钟**	钟**
课程题库管理	教师	新试题	185	张**	张**
	教师	审核试题		张**	张**
	教师	查看试题		张**	张**
	教师	搜索试题		张**	张**
	教师	发布试题		张**	张**
	教师	关闭试题		张**	张**
	教师	修改试题		张**	张**
	教师 学生	评论试题		张**	张**
课程执行管理	教师	创建课程执行	37	林**	林**
	教师	关闭课程执行		林**	林**
课程作业管理	教师	新建作业	203	吴**	吴**
	教师	发布作业		吴**	吴**
	教师 学生	浏览作业		吴**	吴**
	学生	提交作业		吴**	吴**
	教师	批改作业		吴**	吴**
	教师 学生	输出作业		吴**	吴**
综合场景测试	教师 学生		14	林**	林**
用例合计/个			605		

图 1 所示为功能测试的测试用例对比，测试用例数量与功能的复杂度基本保持一致，课程题库管理模块和课程作业管理模块的用例数量相对较多。

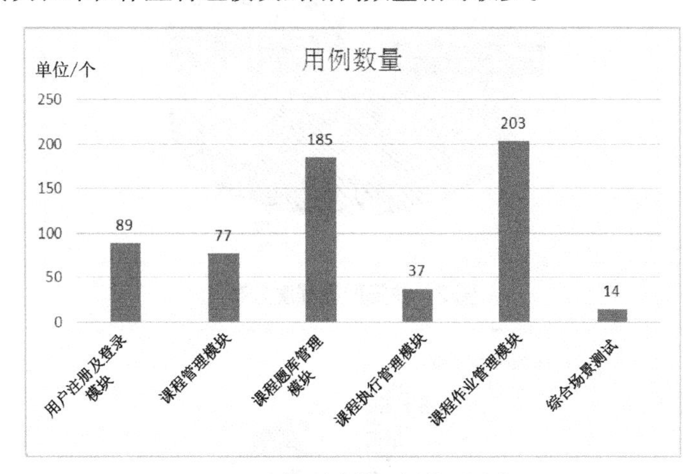

图 1　功能测试的用例数量对比

4.5 测试缺陷汇总

表 7 所示为缺陷汇总。

表 7　缺陷汇总

功能模块	按缺陷严重程度划分				
	严重	重要	中等	轻微	合计/个
用户注册及登录模块	2	8	4	4	18
课程管理模块	0	0	4	7	11
课程题库管理模块	0	4	7	18	29
课程执行管理模块	0	0	3	6	9
课程作业管理模块	3	3	8	12	26
合计/个	5	15	26	47	93

图 2 所示为缺陷严重程度分布，中等、轻微程度缺陷所占的比例比较高，重要和严重级别缺陷所占的比例相对较低。严重缺陷主要是当用户权限不正确时执行相应操作而产生的系统错误，重要缺陷集中在业务逻辑错误方面。中等、轻微缺陷主要表现在数据引用不合理、页面错误和设计不合理方面。

根据统计，在所有缺陷中，改进建议类缺陷为 14 个、用户页面类缺陷为 24 个、功能缺陷类缺陷为 55 个。图 3 所示为缺陷类型的分布，占比最高的是功能缺陷类缺陷。功能缺陷类缺陷的出现有两个方面的原因，一方面是业务逻辑不正确，另一方面是数据引用不正确。

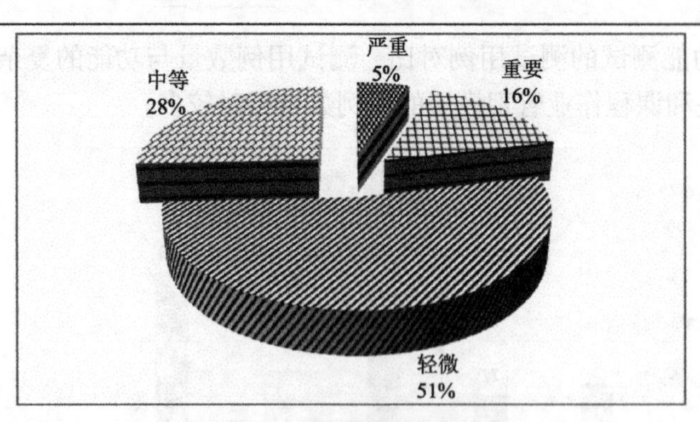

图 2　缺陷严重程度分布

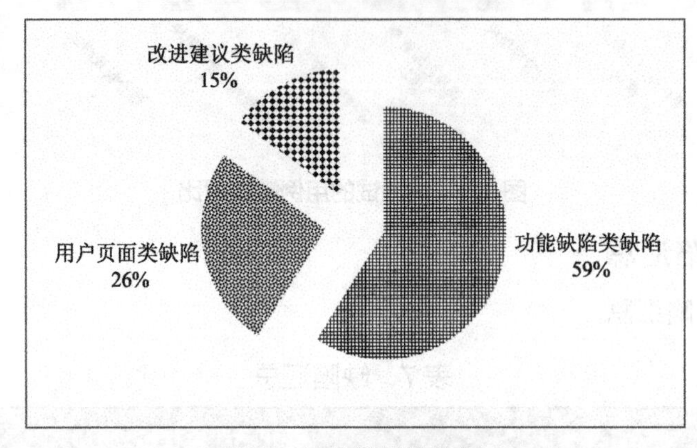

图 3　缺陷类型的分布

图 4 所示为各模块缺陷数量对比。从该图可以看出课程题库管理功能模块和课程作业管理功能模块的缺陷数量比较多，根据测试的二八原则，建议测试人员在后续的工作中加强对相应模块的测试。

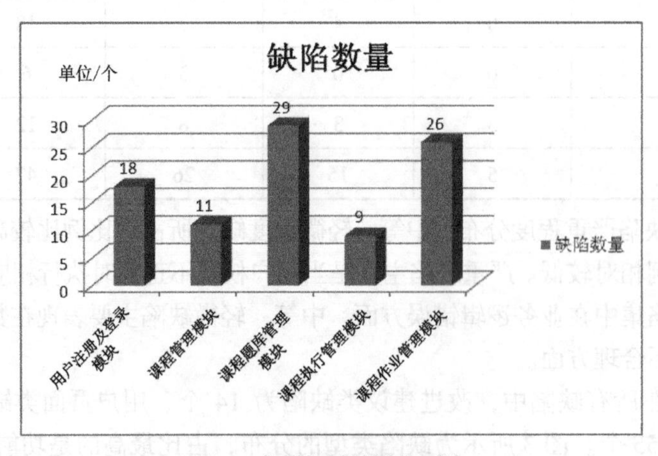

图 4　各模块缺陷数量对比

5. 测试活动总结

本次测试任务投入测试人员 4 人，共 18 个工作日。测试过程严格按照软件测试项目的流程开展，包括测试需求分析、测试计划制订、测试用例编写、测试执行、测试总结报告编写。为了确保测试的充分性，测试过程中引入了自由交叉测试和回归测试，各项具体测试任务的开展遵循测试计划。

测试覆盖了要求测试的测试范围，并测试充分。测试流程符合软件工程项目管理要求，测试开展基本与测试计划中的预期一致。

5.1 测试进度回顾

本次测试时间短，涉及的模块较多。在测试过程中，部分模块业务逻辑较为复杂，因此在测试用例设计和测试执行部分的进度相对较慢，但总体保持在可控范围内。测试用例设计和测试的执行能够在计划的预期时间内完成，各个测试环节进行顺利，测试的所有流程均已完成，测试进度回顾见表 8。

表 8 测试进度回顾

编号	测试阶段	工作天数	时间安排	参与人员	实际执行说明
1	测试需求分析和测试准备	2	2024-05-06—2024-05-07	全体	与原计划符合
2	确定测试计划并评审计划	2	2024-05-08—2024-05-09	测试负责人	与原计划符合
3	编写测试用例，准备测试数据	5	2024-05-08—2024-05-13	全体	与原计划符合
4	第一轮功能测试	4	2024-05-14—2024-05-17	全体	与原计划符合
5	可移植性测试和综合场景测试	2	2024-05-20—2024-05-21	全体	与原计划符合
6	交叉测试和回归测试	2	2024-05-22—2024-05-27	全体	由于在回归测试中新发现了 4 个缺陷，等缺陷解决后，多增加了一轮功能回归测试，比原计划多用了两天
7	编写测试总结报告	1	2024-05-28	测试负责人	比原计划推迟两天
8	总结经验 备份文档	1	2024-05-28	测试人员	比原计划推迟两天

5.2 测试经验总结

本次测试培养新人一名。通过本次测试，新人对团队成员沟通合作的重要性有了充分认识；通过此次任务，整个团队认识到了团队成员之间沟通合作的重要性，特别是在有限的时间、人力等情况下如何合作以确保完成任务。

本次测试过程严格按照测试流程开展，团队通过实践理解了相应环节的具体操作方法，同时积累了测试 B/S 架构的信息系统测试经验。通过此次测试，成员对如何开展此类系统的测试工作有了深刻的理解，积累了对信息系统典型页面（如数据新增页面、数据修改页面、数据搜索页面等）的测试经验。

6. 测试结论

根据测试数据，被测系统存在较多缺陷，部分模块的缺陷数量较多。测试过程共发现缺陷 93 个，各个模块均有分布。其中，课程题库管理模块的缺陷最多，其次为课程作业管理模块。根据测试的二八原则，建议加强对这两个模块的测试。

在缺陷的严重程度方面，有 5 个缺陷属于严重缺陷，其中用户注册及登录模块有 2 个，课程作业管理模块有 3 个。用户注册及登录模块的缺陷集中在输入数据不正确时产生的错误，课程作业管理模块中的缺陷集中在当操作用户越权操作时产生的 404 系统错误。有些缺陷严重影响系统质量，建议进一步对涉及类似情况的需求进一步检查。

此外，测试中也发现了一些低级错误（如页面错别字、控件排列不整齐等），建议在后续的开发中加强对开发人员的质量意识培养，降低此类错误的发生概率。

在最后一轮功能回归测试中没有发现缺陷，97%的缺陷已经解决，没有遗留重要及以上级别的缺陷。测试组认为系统质量达到了交付客户的要求，测试可以结束。

附　录

附录 1　某企业测试计划模板

××项目测试计划

目　录

3.4 其他

4. 测试人员要求和测试培训

5. 测试管理

5.1 角色职责以及工作汇报

5.2 测试出入口条件

5.2.1 测试开始标准

5.2.2 完成的标准

5.3 缺陷管理

5.4 测试执行管理

6. 计划进度

6.1 里程碑

6.2 测试任务及时间和人员安排

7. 风险和应急

修订记录见附表1-1。

附表1-1 修订记录

版本	修订人	审批人	日期	修订描述

1. 引言

归纳所要求测试的软件基本信息，可以包括系统目标、背景、范围及参考材料等。

1.1 编写目的

本测试计划的具体编写目的，指出预期的读者范围。

1.2 被测对象背景

该软件项目的背景。

谁是系统的客户、用户和其他相关方。

1.3 测试目的

本次测试应达到的目的。

本次测试的输出物：测试总结报告需求—案例对照表。

1.4 术语和缩略语

对文档中使用的术语和缩略语进行说明。

1.5 参考资料

编写本文档时引用或参考的文档，包括需求文档、项目计划、设计文档、有关政策、有关标准等。

2. 测试范围和策略

描述本次测试的范围，包括功能测试、性能测试、兼容性测试、可用性测试、错误恢复和可靠性测试、安全性测试、安装部署测试、配置项测试等，以及执行上述测试的方法和途径。

参考被测对象的《软件需求规格说明书》和《用户需求规格说明书》，对各类测试说明其测试项和不被测试项。

2.1 测试范围

说明被测试产品的测试需求，可以包括原理、结构、主要功能、特性、要开展的测试类型。

注意考虑测试的顺序，先测试什么模块再测试什么模块，哪些项目必须先测试等。列出不被测试的内容，并说明原因。

2.2 测试策略

各个测试内容的测试方法和途径，可以按照测试类型分，也可以按照需求模块分。

2.3 功能测试

列出需要测试的功能点，确定测试重点。

2.4 性能测试

列出需要测试的各性能指标和压力场景（关键业务），确定测试重点；列出不被测试的性能指标和压力场景（非关键业务），说明原因。

2.5 兼容性测试

列出兼容性测试的兼容范围和条件，以及兼容性测试的测试项。

2.6 可用性测试

列出需要测试的可用性关注点，并评估重要级别。

注：可用性测试是以用户体验为主的测试，了解用户对产品的态度、使用习惯等，根据实际情况可以将此部分放在 Alpha 和 Beta 测试中。

2.7 错误恢复和可靠性测试

列出需要测试的错误恢复和可靠性保证点，并评估风险，确定测试重点；列出不被测试的但可能是风险的点，提出建议或评估风险。

2.8 安全性测试

列出需要测试的安全保证机制，并评估风险，确定测试重点。

2.9 用户文档测试

列出针对安装手册、用户手册和维护手册等用户文档的正确性、一致性等内容的测试机制，并确定测试重点。

2.10 安装部署测试

列出安装部署测试内容，包括软件包的完整性、安装前提说明的完整性和准确性、安装部署文档的验证等，还包括卸载软件的相关内容。

2.11 配置项测试

列出需要测试的不同配置项下软件的功能。

2.12 其他

根据《软件需求规格说明书》和《用户需求规格说明书》，以及其他特定的要求，进行需要的其他测试。

3. 测试环境、工具和测试数据来源

描述实际系统工作的工作环境、计划建立的测试环境，并描述它们之间的差异，评估由此带来的风险。

列出测试环境的组成和来源，包括测试工具、测试数据、硬件设备、软件、网络、其他特殊要求等。如果有的条件不能满足，则描述代替的方案及增加的风险。

列出测试使用的数据以及数据的来源（客户提供、自主构建或者是以往的有效数据。）

3.1 实际环境

根据架构设计的系统部署环境部分，描述系统实际的运行环境和部署形态。

3.2 测试环境

描述测试环境，以及与实际环境的差异，评估由此带来的风险。

3.2.1 测试环境描述和分析

描述测试环境与实际环境之间的差异，以及由这样的差异所带来的风险是否在可接受的范围之内。一般情况下，测试环境主要包括软件环境、硬件环境、测试数据环境。

3.2.2 测试资源列表（包括工具）

描述测试环境下的各项资源及来源、申请途径、使用时间段；如果不能满足需求，则描述替代方案及风险。

3.3 测试数据

列出测试使用的数据以及数据的来源（客户提供、自主构造或者是以往的有效数据）。

3.4 其他

描述其他需要的测试环境。

4. 测试人员要求和测试培训

测试人员的测试技能和经验要求。
测试人力资源数量要求。
测试人员介入时间段。
需要的支持和培训。

5. 测试管理

5.1 角色职责以及工作汇报

定义测试小组外部的角色和职责，如项目经理、开发人员、配置管理人员、IT 人员等。
定义测试小组内部的角色和职责，如组长、组员等。
描述测试工作的汇报关系。

5.2 测试出入口条件

5.2.1 测试开始标准

描述测试的入口条件。一般包括所有需求已经实现、上一阶段的测试已经通过等条件。

5.2.2 完成的标准

系统测试的出口条件，一般包括测试用例执行完毕等。

5.3 缺陷管理

描述本次测试的缺陷严重级别、优先级别、缺陷报告填写规范、缺陷提交流程。

5.4 测试执行管理

描述本次测试的测试执行规范、测试情况记录、汇总等。

6. 计划进度

定义项目测试进度以及所有测试项传递时间。定义所需的测试里程碑，估计完成每项测试任务所需的时间，为每项测试任务和测试里程碑定义进度，对每项测试资源规定使用期限。

6.1 里程碑

描述里程碑。

6.2 测试任务及时间和人员安排

评估测试环境和测试数据准备的工作量、测试案例编写的工作量，测试执行和结果记录的工作量，测试结果评估和测试报告编写的工作量，并在此基础上安排时间计划。附表 1-2 所示为测试任务及时间和人员安排。

附表 1-2　测试任务及时间和人员安排

序号	任务	内容	前置任务	工作量	开始时间（yyyy-mm-dd）	终止时间（yyyy-mm-dd）	资源（执行人姓名）	输出（产生的代码或者文档等）
1	测试案例编写							
2	测试环境和测试数据的准备							
3	执行测试并记录结果							
4	完成测试报告							
5	测试结果评估							
……	……							

7. 风险和应急

预测测试的风险，规定对各种风险的应急措施。

附录 2　测试用例模板

测试用例模板一般为 Excel 文档，第一个 Sheet 页为“汇总页”（见附图 2-1）。

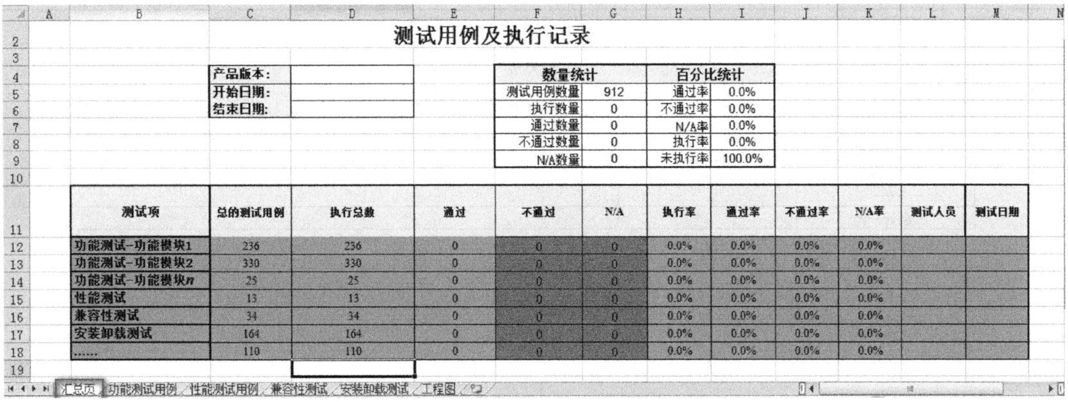

测试用例及执行记录

产品版本：	
开始日期：	
结束日期：	

数量统计		百分比统计	
测试用例数量	912	通过率	0.0%
执行数量	0	不通过率	0.0%
通过数量	0	N/A率	0.0%
不通过数量	0	执行率	0.0%
N/A数量	0	未执行率	100.0%

测试项	总的测试用例	执行总数	通过	不通过	N/A	执行率	通过率	不通过率	N/A率	测试人员	测试日期
功能测试-功能模块1	236	236	0	0	0	0.0%	0.0%	0.0%	0.0%		
功能测试-功能模块2	330	330	0	0	0	0.0%	0.0%	0.0%	0.0%		
功能测试-功能模块*n*	25	25	0	0	0	0.0%	0.0%	0.0%	0.0%		
性能测试	13	13	0	0	0	0.0%	0.0%	0.0%	0.0%		
兼容性测试	34	34	0	0	0	0.0%	0.0%	0.0%	0.0%		
安装卸载测试	164	164	0	0	0	0.0%	0.0%	0.0%	0.0%		
……	110	110	0	0	0	0.0%	0.0%	0.0%	0.0%		

汇总页 / 功能测试用例 / 性能测试用例 / 兼容性测试 / 安装卸载测试 / 工程图

附图 2-1　测试用例模板——测试用例汇总页

后续为每个测试分类安排一个 Sheet 页，即具体描述页（见附图 2-2）。

用例编号	测试项目	测试标题	重要级别	预置条件	输入	执行步骤	预期输出	用例状态	对应缺陷ID	用例设计者	用例执行者
SRS001-001	功能测试-功能模块1										
SRS001-002	功能测试-功能模块1										

备注：

重要级别主要依据被测需求的重要性，分为高、中、低 3 个级别。
用例状态可选项有未执行、已通过、阻塞、免执行、未通过。

汇总页 / 功能测试用例 / 性能测试用例 / 兼容性测试 / 安装卸载测试 / 工程图

附图 2-2　测试用例模板——测试分类具体描述页

附录 3　测试缺陷模板

缺陷提交模板一般为 Excel 文档，分为“缺陷汇总页”（见附图 3-1）和“缺陷列表页”（见附图 3-2）。

XX系统—缺陷统计

测试项名称	按缺陷严重程度划分				总计/个
	严重	重要	中等	轻微	
用户登录					
信息编辑					
……					
合计/个					

缺陷汇总页　缺陷列表页

附图 3-1　缺陷汇总页

XX系统缺陷报告

缺陷编号	模块名称	摘要	描述	缺陷严重程度	提交人	附件说明
1						
2						
3						
4						
5						

填表说明：
1. 缺陷编号：从1开始，顺序递增
2. 模块名称：如实填写
3. 摘要：简要说明缺陷的表现
4. 描述：说明该缺陷是如何产生

缺陷汇总页　缺陷列表页

附图 3-2　缺陷列表页

附录 4　某企业测试报告模板

××项目测试报告

目　录

1. 引言

1.1 编写目的

说明这份测试报告的具体编写目的，指出预期的读者范围。

1.2 项目背景

说明该项目的任务提出者、开发人员、用户，指出测试环境与实际环境之间可能存在的差异，以及这些差异对测试结果的影响。

1.3 定义

对文档中使用的术语和缩略语进行说明。

1.4 参考资料

本文档中各处引用的文件、资料，包括所要用到的软件开发标准。列出这些文件、资料的标题、编号、发表日期等信息，说明这些文件、资料的来源。

2. 测试概要

描述本次测试的测试依据、内容和目的，可以引用的测试计划中的相关内容。

列出每一项测试的标识符及其测试内容，并指明实际进行的测试工作内容与测试计划中预先设计的内容之间的差别，并指明原因。

分析测试的充分性，对测试的过程做出充分性评价，指出未被测试的特性或特性组合，并说明理由。

3. 测试环境

提示：描述测试环境，指出测试环境与实际环境的差异，分析并说明差异对测试结果可能带来的影响。

4. 测试结果

提示：对照测试计划中设定的测试内容描述测试结果（特别是关键测试结果），说明测试用例的执行情况、通过率等内容，对测试中未解决的问题进行描述，以便决策人进行决策。可以引用缺陷列表。

如果包括多项测试，则分章描述每个测试的测试结果，如性能测试、功能测试。

5. 分析与建议

提示：对测试结果进行分析，对产品进行评价，提出建议。

① 根据测试发现的缺陷，说明重要缺陷对软件的影响，特别是累积影响。

② 测试覆盖率。

③ 缺陷解决率。

④ 缺陷分布。

⑤ ……

6. 测试活动总结

提示：总结主要的测试活动和事件，如人员整体水平、测试所用工具、每项主要测试活动所花费的时间等，以及整个测试过程安排是否合理，可以借鉴的、好的实践和有待改进的方面。

7. 测试结论

提示：根据测试计划中设定的通过准则，判定该测试是否通过。

8. 缺陷列表

缺陷列表见附表4-1。

提示：如果使用的缺陷管理工具能自动产生缺陷列表，则不需要本表。

附表4-1　缺陷列表

缺陷编号	缺陷名称	发现人	状态	严重程度